編著　スタープログラミングスクール

実務教育出版

スクラッチでプログラミングの世界へ踏み出そう！

　みんなは「プログラミング」って言葉、聞いたことある？
　みんなの周りにあるゲーム機やパソコンなどのコンピュータはすべてプログラミングされて動いているんだ。コンピュータは人間の言葉をそのまま理解できるわけではないから、コンピュータが理解できる言語が必要だね。これが「プログラミング言語」。プログラミング言語でコンピュータに指示を出すことを「プログラミング」っていうんだ。

　みんなの周りで、プログラミングされているものには、何があるかな？ゲーム機やパソコンなどだけではなく、スマホやみんなの家にあるテレビ、エアコン、洗濯機などの家電製品、街中にある信号機、コンビニのレジ、自動販売機に至るまでプログラミングされていないものを見つけることが大変なくらいなんだ。それくらいプログラミングは世の中にあふれていて、ものすごく役に立つものなんだよ。
　プログラミングすることで、おもしろいゲームを作って全世界に発信したり、便利なアプリを作って世の中のたくさんの人の役に立ったり。

みんなにもそれが簡単にできるようになったんだ。しかも、ものすごく楽しい創作活動として。

今回は、みんなが楽しく簡単にプログラミングができて、世界中の子どもたちが利用している「Scratch（スクラッチ）」を使って、いろいろなゲームを作ってみよう！　スクラッチは画面上のキャラクターを思い通りに動かすだけではなくて、オリジナルキャラクターも作成することができるんだ。世界に一つしかないオリジナルゲームを考えよう。きっと、プログラミングの楽しさに気づいてもらえるはず。

さあ、一緒にプログラミングを楽しもう！

この本で作るゲームのデータは、ここから見られるよ！

◀ 実務教育出版「小学生からはじめるゲームプログラミング」紹介サイト

＜ご注意ください＞
この本で使われている画面写真を含めた仕様は、Scratch3.0 のものです。（2019年11月5日現在）Scratch の仕様は変更されることがあります。
変更にともなう注意事項などの最新情報は、上記のサイトで随時アップデートしていきますので、ご確認ください。

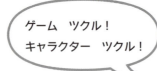

- 2 　はじめに
- 6 　ようこそ！ プログラミングの世界へ
- 8 　プログラミングってなあに？
- 10 　一緒にプログラミングを学ぼう！

1章　Scratchの使い方を学ぼう！

- 12 　Scratch をはじめよう
- 18 　画面の見方を覚えよう
- 22 　プログラムの作り方を学ぼう

2章　キャラクターを作ってみよう！

- 32 　ペイントエディターを使いこなそう
- 46 　基本のキャラクターを作ろう
- 55 　動いて見えるコスチュームを作ろう
- 62 　キャラクターを動かそう

3章　ゲームを作ってみよう！

- 66　ゲーム1　脱出ゲーム
- 86　イラストカタログ　①衣装
- 88　ゲーム2　雪合戦ゲーム
- 106　イラストカタログ　②アイテム
- 108　ゲーム3　アクションゲーム
- 128　イラストカタログ　③動物と乗り物

親子インタビュー

- 130　①自分で考えて作っていくのが楽しい！
- 132　②みんなでやるゲーム作りが楽しい！

ゲーム開発者インタビュー

- 134　①株式会社コロプラ
　　　「白猫プロジェクト」のプログラマー
- 138　②株式会社ハル研究所
　　　「星のカービィ」シリーズのプログラマー

- 142　おわりに

Scratch は MIT メディアラボの Lifelong Kindergarten Group によって開発されています。https://scratch.mit.edu/ を参照してください。Scratch 名、Scratch ロゴ、Scratch CAT は、スクラッチチームが所有する商標です。MIT の名称とロゴは、マサチューセッツ工科大学が所有する商標です。

ようこそ！
プログラミングの世界へ

―親子で一緒に読もう―

▶ 2020年から小学校で必修化へ

　ここ数年、コンピュータの進歩によりSNS（ソーシャルネットワークサービス）が急速に発達し、国内外の面識のない人たちと、簡単にコミュニケーションがとれるようになりました。さまざまな文化圏の人々との交流もしやすくなり「時空のグローバル化」が進んでいます。またAIによる仕事の効率化、省力化、さらには仕事そのものが劇的に変化する中、海外では、子ども達へのプログラミング教育が当然のように行われています。

　日本の教育現場でも、将来を見据えてITに強い子どもを育てようと、子ども達の「思考力」「表現力」に重きをおいた教育が研究され、いよいよ2020年から小学校でプログラミング教育が必修化されます。そこには、プログラミング教育を通して、「プログラミング的思考」を身につけてもらいたい、という思いがこめられています。実際にプログラムを組む技術を身につけることだけを目的としているのではなく、そこにともなう「知識・技能」「思考力・判断力・表現力」「学びに向かう力・人間性」なども育てようとしているのです。

▶「プログラミング的思考」とは？

　ゲームプログラミングでは、自分が作りたいと思うものを実現するために、想像力を働かせ、必要な動作や記号を使って、それらの組み合わせを、言語を駆使して作っていきます。そして、より自分が意図したものに近づくために、どのように修正をすればよいかを考えていきます。

　日常生活では、たとえばA地点からB地点に行くのにいろいろなルートがあり、どのルートが一番早く着くか、安く行けるかなどを考える場合、まずは「地点間の距

離」「交通手段による時間や料金」などさまざまな「情報」を集めます。そして、それらをどのような順番で組み合わせたら、自分にとって最適な方法なのかを比較しながら考えていきます。

このように、いまもっている情報を組み合わせて、目的を実現するための最も適切な方法を論理的に考えることが、プログラミング的思考と言えるのです。

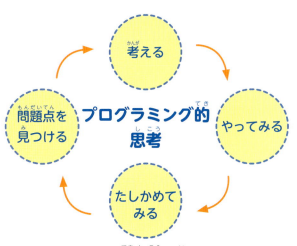

▶ プログラミングを学ぶことで伸びる能力とは？

プログラミングは、論理的思考力と創造力の結集です。

プログラミングでは、「順序立てて考える」「分析する」「方法を一般化する」ことをしていきます。そして、実際にプログラムを組む中で、なかなか思うように動かないことを体験します。そんなときに「どこがおかしいんだろう？」と思考をめぐらせ、うまく動かないところから問題点を見つけ、解決方法を探っていきます。何度も繰り返し行うことで、間違っている部分を発見できるようになり、論理的思考力が身についていきます。そして、自分で解決まで導いたことによって「できた！」という達成感が得られ、大きな自信へとつながっていくのです。

また、頭に思い浮かべた漠然としたイメージを、プログラミングを通して表現することで、イメージは明確なカタチとなります。

子ども時代から「プログラミング的思考」に接することで、論理的思考力や創造力が養えます。頭を使うことで、自然に脳が鍛えられます。そんなメリットが、プログラミングにはあります。ぜひお子さんの能力開発にもお役立てください。

プログラミングを通して身につく4つのチカラ

創造力　論理的思考力　コミュニケーション力　表現力

プログラミングってなあに?

▶▶ コンピュータは人の指示で動いている

「プログラム」って言葉を説明できるかな? ゲームやパソコン、家電製品などの機械だけではなくて、運動会の種目やお遊ぎ会での発表の順番を書いた「予定表」もプログラムって言うよね。つまり、プログラムとは「ものごとを進めていくために決められた手順」ということだよ。

運動会の進行予定表(プログラム)

誰かに、計画した通りに動いてもらうための「順序立てた指示を行うこと」がプログラミングなんだ。もちろんコンピュータを使ってゲームを作ることも、コンピュータに動きの指示を行う立派なプログラミングだよ。

▶▶ 世界にはたくさんの「プログラミング言語」がある

世の中には、コンピューターに理解させる言葉、つまり「プログラミング言語」がたくさんあるんだ。でもその多くは英語で書かれていて、小学生が作るにはちょっとむずかしい。

そこで、この本では見てわかる視覚的な「ビジュアルプログラミング言語」を使って、プログラミングを学んでいくよ。ビジュアルプログラミング言語もたくさんあるけれど、その中で世界中の子どもたちが使っているのが、カンタンに使える「Scratch」なんだ!

プログラミング言語を使ったコードの例

▶ Scratchで「考え方」を身につけよう！

　Scratchは、「ブロック」を積み木のように組み合わせていくことで、カンタンにプログラムを組むことができるんだ。組んだプログラムはすぐに動きを見ることができる。だから、自分が考えたとおりの動きをするプログラムなのか、確認しながら進めることができるよ。

　ブロックをたくさん触って、それがどういうものかを理解してね。それから、ブロックを組み合わせて、Scratch内にあるキャラクターを動かしてみよう。そして「どう動いたか」をよく見てね。こうやってプログラミングの方法を学んでいくんだ。まずは「考え方」を身につけていこう！

▶ プログラミングをはじめるにあたって

　プログラミングは、何度失敗してもいいんだ。失敗してもあきらめないで、もう一度考えて、別の方法を見つけていくことが大切。時間がかかっても、答えにたどりつければいいんだよ。

　失敗を恐れるよりも、挑戦しよう！　自分で正解にたどりついたら、その喜びは、人に教えてもらうよりもとても大きいものなんだ。プログラミングを学ぶには、くり返し挑戦することが大切だよ。

▶ Scratchでできること

　Scratchでは、自分で作ったプログラムを「共有」することで、世界中に発表することができるんだ。だから、自分が作った作品を見てもらうだけでなく、他の人が作ったゲームを見たり、遊んだりすることができるよ。また、他の人の作品をダウンロードして、自分なりに作り直すこと（リミックス）もできる。人がどのように考えてプログラミングをしているか、ブロックの組み合わせを学ぶこともできるんだ。みんなで作ることもできるから、意見を交換しながら作品を作りこむのもおもしろいね。

　さあ、Scratchでいろいろなゲームを作って、楽しくプログラミングを学んでいこう！

キャラクター紹介

一緒にプログラミングを学ぼう！

これから一緒にプログラミングを学んでいく友達を紹介するよ。
はじめてで、プログラミングについてよくわからなくても大丈夫！
楽しくてどんどんやりたくなってくるはずだよ！

平目木博士

プログラミング博士。いろいろなゲームが作れて、教え方も上手。

コードくん

博士が開発した、プログラミングで動くロボット。博士のお手伝いをしているよ。

ログオくん

ゲームが大好きな、元気でおちょうし者の男の子。プログラミング初心者で、うっかりミスもしてしまうみたい。

ラミちゃん

ちょっと大人な発言が目立つ、おませな女の子。理解が早く、どんどん知識を吸収していくよ。

さあ！ゲーム作りをはじめよう！

1章 Scratchの使い方を学ぼう！

まずは、Scratchを使う準備を整えて、基本的な使い方をマスターしよう。この章が終わるころには、ゲームでよく使う基本のプログラムが作れるようになるよ！

1章 Scratchの使い方を学ぼう！

Scratchをはじめよう

ゲームを作るために必要な、Scratch3.0を使えるようにしよう！
個人情報を入力するから、お家の人と一緒にやってね。

1 ユーザー登録をしよう

ユーザー登録をしなくても、Scratchではゲーム作りができるけど、登録すると使えるようになる便利な機能がたくさんあるんだ。たとえば、自分が作ったゲームをネットワーク上に保存して、途中まで作ったゲームの続きを別のパソコンでも作れるようになる。他にも、自分の作品を公開して共有したり、他のユーザーが作ったゲームにコメントを残したり、遊び方がぐんと広がるよ！

他の人が作ったゲームを見たら、自分では気づかなかったプログラムの組み方がわかるかも！

その通り。それに、学校で作ったゲームの続きを、お家のパソコンでも作れるのも便利じゃな！

■ ウェブブラウザで検索しよう

Scratch を利用可能なブラウザ例

Safari　Firefox　Edge　Google Chrome

まず、インターネットにつながっているパソコンでブラウザを起動しよう。左のようなブラウザが使えるよ。起動したら、「Scratch」と入力して検索しよう。

■「Scratch に参加しよう」をクリックしよう

■ ユーザー名とパスワードを登録しよう

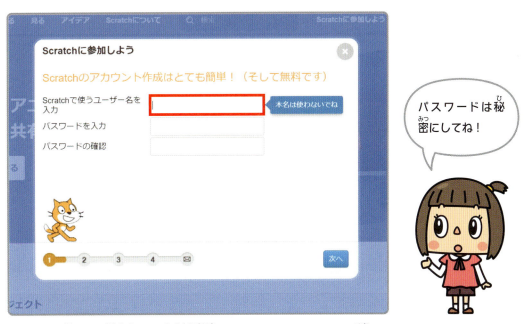

ユーザー名は、本名など個人情報がわかるようなものは使わないようにしてね。また、もうほかの人に使われているユーザー名は使えないんだ。ユーザー名やパスワードは、半角英数字で入力してね。

13

1章 Scratchの使い方を学ぼう！

■ 生年月と性別、国を入力しよう

ユーザーが、登録した本人とわかるようにするための情報を入力しよう。国名は▼マークをクリックするとえらべるようになっているから、そこから「Japan（日本）」を探してね。

■ メールアドレスを入力しよう

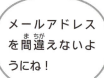

本人を確かめるためにメールアドレスを登録するよ。お家の人のメールアドレスを入力して、「次へ」をクリックしよう。完了画面がでたら、「さあ、はじめよう！」のボタンをクリックして、情報の入力は終わりだよ。

14

■Scratchからのメールを確認しよう

入力したメールアドレスに届いたメールを開いてみよう。はじめに入力したユーザー名が正しく表示されていたら、「ｈｔｔｐｓ」からはじまるURLをクリックして次の画面に進もう。

もしメールが届かない場合は、入力したメールアドレスがまちがっていないか確認して、もう一度入力し直してみよう。

2 サインインしよう

登録したら、自動的にサインインするよ。サインインとは、そのユーザー名でネットワークを使う資格をもっているか確認することだよ。画面の右上に自分のユーザー名が表示されているかチェックしよう。

1章 Scratchの使い方を学ぼう！

■ 手動でサインインしよう

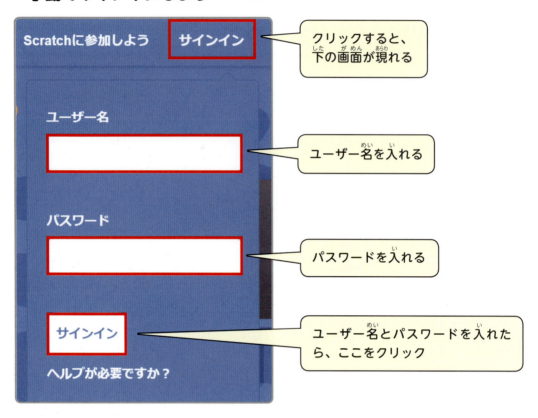

- クリックすると、下の画面が現れる
- ユーザー名を入れる
- パスワードを入れる
- ユーザー名とパスワードを入れたら、ここをクリック

もしユーザー名が表示されていないときは、右上の「サインイン」から、自分のユーザー名とパスワードを入れて、手動でサインインしよう。

■ 共有のパソコンなら最後にサインアウトしよう

お家の人と一緒に使ったり、学校でいろいろな人が使ったりするコンピューターの場合は、作業が終わったら必ずサインアウトしよう。

コラム まず覚えたい基本操作

ゲーム作りに入る前に、パソコンでScratchを使うための基本的な操作について覚えておこう！

🟨 マウスでクリックする

マウスの左側にあるボタンを押すことを「クリックする」と言うよ。ブロックには「緑の旗が押されたとき」というものがあるけど、これは「緑の旗マークにマウスポインターを合わせて、マウスの左側のボタンを押す」という意味なんだ。

🟨 ブロックを動かす

ブロックの上で、マウスの左ボタンを押しっぱなしにすると、ブロックを動かせるようになるよ。指を離さずにマウスを動かしてみよう。これを「ドラッグする」と言うんだ。動かしたい場所までブロックを動かしたら、ボタンから指を離してみよう。ブロックを置くことができるよ。

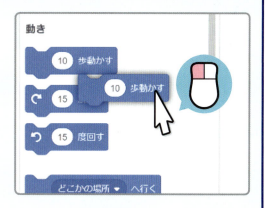

🟨 ブロックをコピーする

ブロックの上でマウスの右側のボタンをクリックすると、メニューが出てくるね。この中から「複製」を選ぶと、同じブロックをコピーして増やすことができるよ。このように、マウスの右側のボタンを押すことを「右クリックする」と言うんだ。コピーするときは右クリックする、と覚えておこう。

1章 Scratchの使い方を学ぼう！

画面の見方を覚えよう

Scratchで使われる各部の名称や用語を見てみよう！

1 メイン画面を知ろう

画面右上のメニューの「作る」をクリックして、基本画面を開こう。

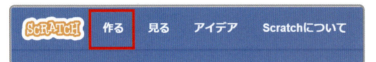

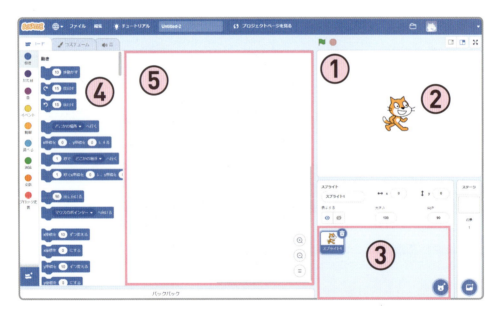

① **ステージ**：実際のゲーム画面になる。ここでスプライトが動くよ。

② **スプライト**：キャラクターや障害物など、ゲームを構成する要素だよ。

③ **スプライトリスト**：スプライトの一覧が表示されるよ。

④ **ブロックリスト**：プログラム（台本）を作る言葉のもととなるブロックの一覧。これを組み合わせることでプログラミングしていくんだ。

⑤ **コードエリア**：ブロックを組み合わせて、プログラムを作る場所だよ。

■ スプライトリスト

右下のネコのアイコンをクリックすると、新しいスプライトを作れるよ。用意されているスプライトを選ぶか、自分で描いて追加することができるんだ。

また、スプライトリストの上にあるメニューから、スプライトの大きさや場所を設定することができるよ。

■ コードタブ

メイン画面上にある「コード」タブを選ぶと、ブロックが表示されるよ。ブロックはグループごとに分かれているんだ。グループについては、次のページでくわしく紹介しているよ。

■ コスチュームタブ

コードタブの横にある「コスチューム」タブを選ぶと、スプライトに用意されたほかの見た目（コスチューム）をくわしく見ることができるよ。

1章 Scratchの使い方を学ぼう！

2 ブロックの種類を知ろう

プログラムのもとであるブロックは、いろいろなグループに分かれているよ。その中でよく使うのが、「動き」「見た目」「イベント」「制御」の4つのグループの中にあるブロックなんだ。

 動き　スプライトの動きや向き、位置などを指示することができるよ。

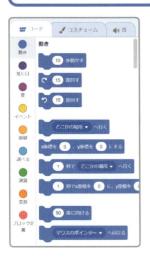

たとえば

180度回転させると下へ向く。

 見た目　スプライトの見た目を決めるブロックだよ。セリフを言わせたり、コスチュームを変えたり、大きさを変えたりできるんだ。

ここに入力した言葉を言うよ。

こんにちは！

イベント　プログラム実行のきっかけとなるもので、プログラムのはじまりになるブロックが多いんだ。

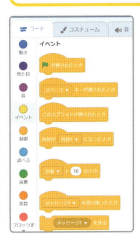

・はじまりのブロック

・その他のブロック

 制御　動きを自分の思うように動かすための指示ブロックだよ。くり返しや、条件を示す「もし〜なら」などのブロックはよく使うから覚えておこう。

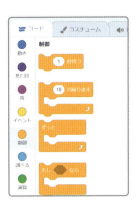

他のブロックと組み合わせて使う。

■ ゲームを作りながら覚えたいブロック

 音を鳴らしたり、音量を調整したりできる。

 計算をしたり、数を使ったり、正しいか、正しくないかを区別するときに使う。

 何かを調べるときに使う。

 数や文字列を保存して、プログラムで使えるようにする。

 自分でブロックの詳細を設定することができる。

1章 Scratchの使い方を学ぼう！

プログラムの作り方を学ぼう

ブロックを組み合わせて、コードエリアに「台本」となるプログラムを作っていくよ。

1 ネコを走らせよう

ゲーム作りでよく使うのが、スプライトを動かすプログラムなんだ。ネコを走らせて、基本のプログラムをマスターしよう。

■ スプライトを選ぼう

まず、プログラムを入れたいスプライトをクリックして選んでね。コードエリアは、このスプライトに対するプログラムが入るところだよ。このエリアにブロックを組み合わせていこう。

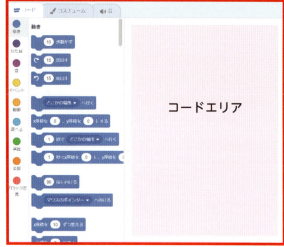

コードエリアにブロックを入れると、"スプライト1"のプログラムを作ることができるんだ。

プログラムは、1つ1つのスプライトに入れるんだね。

いろいろなスプライトを使うようになったら、間違えないように気をつけないとね！

■ ネコを10歩動かそう

ネコを動かすには、「動く」ためのプログラミングをする必要があるんだ。ブロックリスト内の動きグループの中から「10歩動かす」のブロックをドラッグして、コードエリアに移動させよう。反対に、コードエリアからブロックリストへ移動させると、ブロックを消すことができるよ。

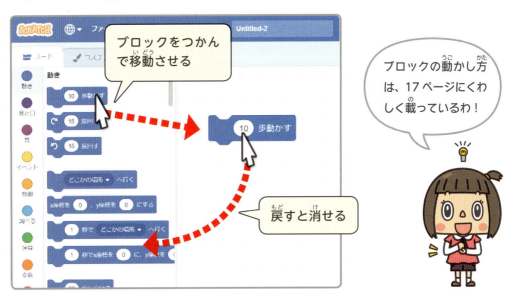

ブロックをコードエリアに置いたら、「10 歩動かす」のブロックをクリックしてみよう。ステージ上のネコが少し右に動いたのがわかるかな？ このときに動いた分が、Scratchの10歩分だよ。

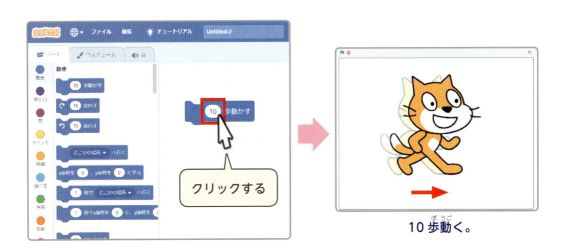

10歩動く。

1章 Scratchの使い方を学ぼう！

もう少し進ませたいときは、もう1個 [10 歩動かす] をコードエリアに入れてみよう。ブロックは必ずくっつけるんだよ。これで、ネコは20歩分進むんだ。

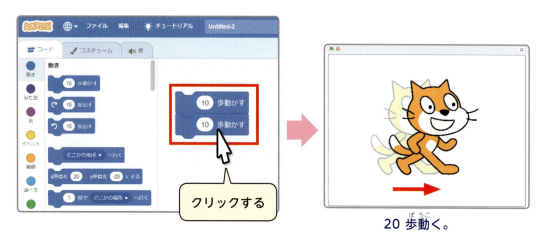

クリックする

20歩動く。

ポイント

▶ グレーになるのを待って、ブロックをくっつける

1つめのブロックに、次のブロックを近づけておくれ。グレーの部分が出たら、くっつけることができるんじゃ。2つのブロックの間に別のブロックを入れたいときも、間がグレーになれば入れられるんじゃよ。

グレーになったらくっつく

グレーになるまで待ってから、ブロックを置くんじゃ！

■ ネコをずっと動かそう

 でも、何個もブロックをつなげるのは大変ね。

実は、ブロック2つだけで、ずっと動いてくれる方法があるんじゃよ。

もっと動かしたいときは、 10 歩動かす を何個もつなげればいいけど、ずっとつなげていくのはたいへんだよね。そんなときには、「制御」グループの ずっと のブロックを使って、 10 歩動かす を囲めば、ネコはずっと動いていくよ。

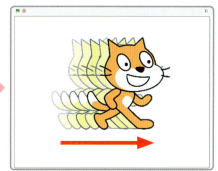

ネコはずっと動いていく。

ポイント

▶先に「ずっと」ブロックを置く

「制御」グループの中には、他のブロックを囲むものがあるんじゃ。たとえば、「ずっと」と「10歩動かす」を組み合わせる場合、「ずっと」を先において、その間に「10歩動かす」を入れるようにすると、うまく組み合わせることができるぞい！

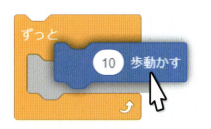

25

1章 Scratchの使い方を学ぼう！

■ ネコを往復させよう

ここまでで組んだブロックをクリックしてみよう。すると、ネコは進んだけど、画面から消えてしまったね。そういうときは、 もし端に着いたら、跳ね返る を使うんだ。

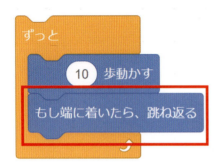

左のように、「ずっと10歩動かし、もし端に着いたら跳ね返る」プログラムを作るよ。 10歩動かす と もし端に着いたら、跳ね返る を ずっと で囲むようにブロックを追加しよう。

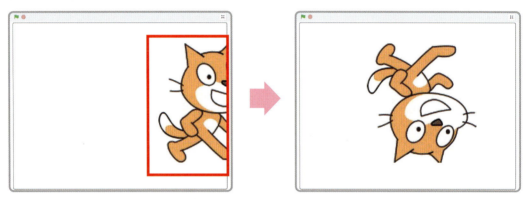

右端まで着くと、跳ね返って左に戻ってきたね。

■ 回転方法ブロックを使おう

ネコが逆さになっちゃったね。戻ってきたときにネコが逆さにならないようにするには、 回転方法を 左右のみ▼ にする をくっつければいいよ。

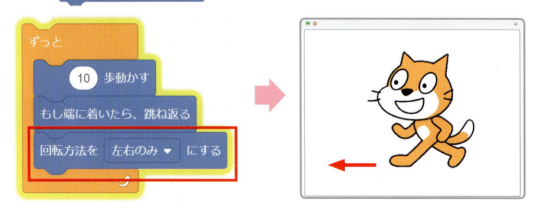

■ コスチュームを変えよう

ネコが走っているように見えるために、コスチュームを変えてみよう。「見た目」グループの 次のコスチュームにする を使えば、コスチューム1とコスチューム2をくり返し切り変えられる。すると、パラパラ漫画のように、ネコが走り続けているように見えるんだ。コスチュームについては、28ページでくわしく説明しているよ。

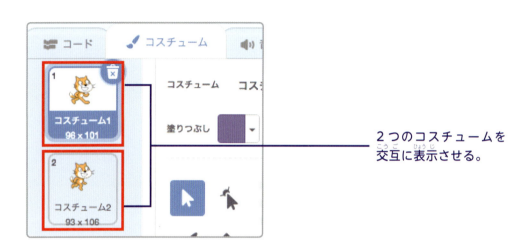

2つのコスチュームを交互に表示させる。

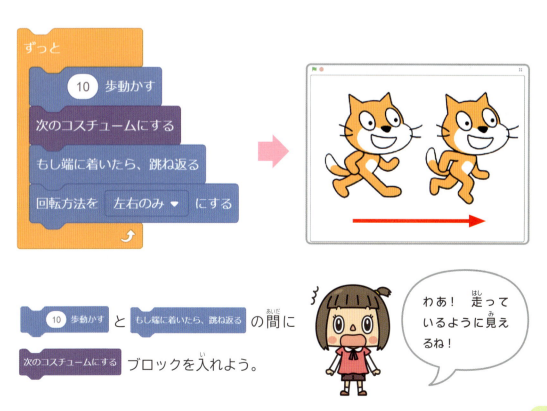

10 歩動かす と もし端に着いたら、跳ね返る の間に 次のコスチュームにする ブロックを入れよう。

わあ！　走っているように見えるね！

1章 Scratchの使い方を学ぼう！

コラム 見た目を変えるためのコスチューム

コスチュームは、同じスプライトが持っている、ほかのパターンの絵のことだよ。たとえば、ネコのスプライトだとコスチューム1とコスチューム2があって、ポーズがちょっとだけ違うんだ。Scratchにはじめから用意されている絵を選んで追加するか、自分で描いて追加することができるよ。

文字を入力することで、コスチュームの名前を変えられる

自分で描くには筆のアイコンをクリックする

用意された絵の中から選んで追加する

2 背景を変えよう

白いステージのままだと、ゲームとしては面白くないよね。背景を設定してみよう！

■ 背景ライブラリーから背景を選ぼう

画面右下にある「背景マーク」を押すと背景のリストが出るよ。たくさんある背景の中から、合うものを選ぼう。今回は、「Blue Sky」を選んでみるよ。

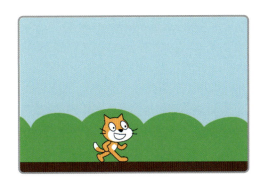

ネコをドラッグして、地面を歩く位置に移動させよう。青空の下で、ネコが走っているように見えるね！

29

3 プログラムを完成させよう

動作をするためのプログラムはすべて組み終わっているんだけど、最後の仕上げをしよう。これまで、組んだブロックをクリックすると、ステージの上でネコが動いていたよね。この方法だと、1つのブロックのまとまりの動きだけしか確認できないんだ。

■ 緑の旗をクリックしてみよう

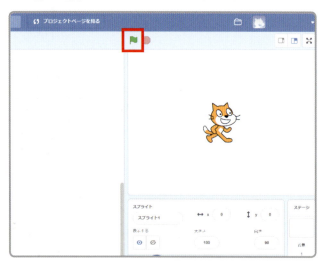

ステージ左上にある緑の旗をクリックすると、すべてのプログラムの動きを確認することができるよ。でも、今の状態でクリックしてもネコは動かないんだ。

■ はじまりのブロックを組み込もう

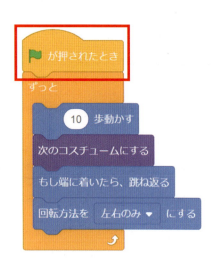

「イベント」グループの が押されたとき を一番上に組み込もう。このブロックを組み込むと、旗をクリックしたときに、下のブロックの動作をするようになるんだ。これらのブロックのかたまりが「プログラム（台本）」だよ。

このプログラムを言葉にすると、「旗を押すと、ネコが左右に走りつづける」ということになるんだ。

30

2章 キャラクターを作ってみよう！

ペイントエディターを使って、自分だけのキャラクター作りにチャレンジしよう。図形を組み合わせるだけで、いろいろなキャラクターが作れるようになるんだ！

2章 キャラクターを作ってみよう！

ペイントエディターを使いこなそう

オリジナルキャラクターを作ることができる、ペイントエディターの基本的な使い方をマスターしよう！

1 新しいスプライトを作成しよう

はじめに用意されているネコのスプライトを消して、新しいスプライトを作っていくよ。

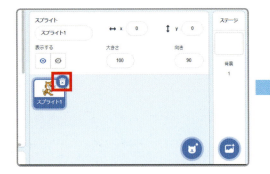 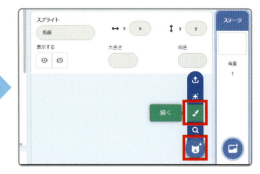

まずは、スプライトリストにある"スプライト1"のごみ箱アイコンをクリックしよう。これでネコを消すことができたよ。

次に、右下のネコのアイコンの上にマウスポインターを乗せてみよう。出てきたメニューの中にある、筆のアイコンをクリックするんだ。

ネコのスプライトは、必ず作られるんだね。

その通り。ネコを消して、自分だけのキャラクターを作る準備をしていくんじゃ！

2 ペイントエディター画面を知ろう

自動的にコスチュームタブに切り替わって、ペイントエディター画面が出てきたね。いろいろなツールがあるから、どんな機能のものがあるかチェックしよう。

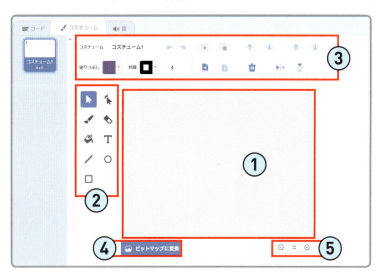

① 絵を描いていくキャンバスだよ。真ん中に中心点があるんだ。

② ペンや、色で塗りつぶすためのバケツ、図形など、絵を描くツールがそろっているよ。

③ キャンバスに描いたものを選んで、いろいろな操作ができるんだ。たとえば、1つ前の状態に戻ったり、図形を消したりできるよ。

④ ビットマップモードとベクターモードを切り替えるボタンだよ。ここでは、ベクターモードを使っていこう。

⑤ キャンバスの表示を大きくしたり、小さくすることができるよ。

コラム ベクターモードとビットマップモード

ビットマップモードは、小さな点の集まりで画像ができているよ。だから、拡大するとギザギザに見えてしまう。一方、ベクターモードは、なめらかな線になるようにコンピューターが計算していて、線がキレイなのが特徴なんだ。ここでは、ベクターモードでキャラクターを作っていくよ！

ベクターモード　ビットマップモード

2章 キャラクターを作ってみよう！

3 基本の四角形をマスターしよう

図形を描きながら、さまざまなツールの機能を覚えていこう。四角形はいろいろな形に変わることができる、基本の形だよ。

■ 四角形を描こう

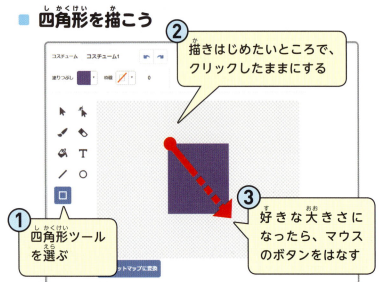

① 四角形ツールを選ぶ
② 描きはじめたいところで、クリックしたままにする
③ 好きな大きさになったら、マウスのボタンをはなす

四角形ツールを選んでから、キャンバス上でドラッグすると描くことができるよ。ちなみに、SHIFTキーを押しながらドラッグすれば、正方形が描けるんだ！

選択状態
最後に描いた図形の周りに印がある。印がついた図形が選択されている状態だよ。

未選択状態
印がないのは、選択されていない状態だよ。

ポイント

▶ スプライトの中心を決めよう

描いた図形のうしろに隠れてしまうが、キャンバスには、中心点があるんじゃ。
描いた絵をドラッグで移動して、スプライトの中心を決めておくれ。プログラミングで使用するスプライトの位置は、ここが基準になるんじゃ。

中心点

34

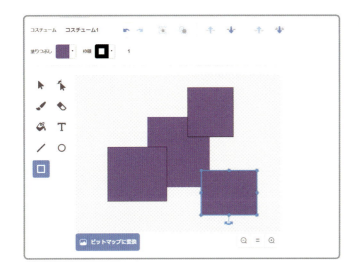

続けて、四角形をたくさん描いてみよう。

選択状態の図形の周りにある印をドラッグすると、図形の大きさを変えられるよ。

■ 図形を消すやり方① 戻るボタン

左向き矢印のアイコンをクリックすると、今行った操作を取り消して、1つ前の状態に戻るよ。クリックするたびに、1つ前の状態に戻っていくんだ。

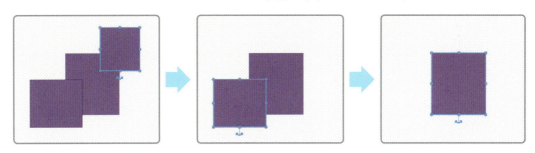

戻しすぎてしまったら、右向き矢印のアイコンをクリックすると、1つ先に進むことができるよ。

便利なやり方だけど、ペイントエディターを閉じると、これまでの操作の記録はなくなってしまうんだ。そういうときは、次に紹介するやり方②を試してみよう！

2章 キャラクターを作ってみよう！

■ 図形を消すやり方② 選択して消す

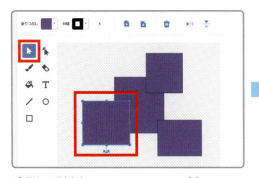 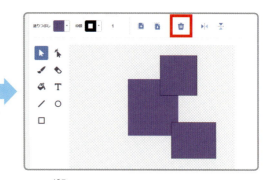

図形を選択するアイコンを選んでから、消したい図形をクリックしよう。

ごみ箱アイコンをクリックするか、DELETEキーを押すと、選択されている図形を消すことができるぞ。

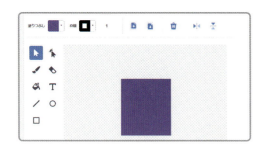

どちらかのやり方で、四角形を1つだけ残して、あとはすべて消そう。

■ 塗りつぶしの色を変えよう

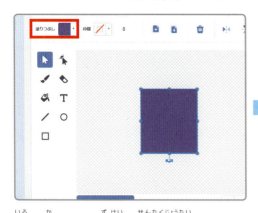 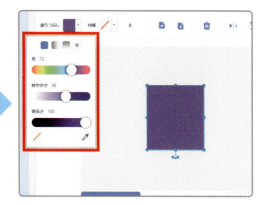

色を変えたい図形を選択状態にして、塗りつぶしの▼マークをクリックしよう。

すると、カラーパレットが出てくる。ここで細かく色を選ぶことができるんだ。

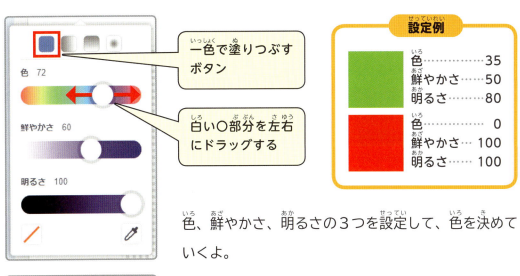

色、鮮やかさ、明るさの3つを設定して、色を決めていくよ。

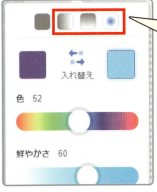

色を2つ選んで、自然に変化しているように見せることもできるんだ。これを「グラデーション」と言うよ。どんな色になるか、実際にためしてみよう！

コラム カラーパレットの便利な機能

ほかにも便利な機能があるんだ。ここでは、2つの例を紹介するね。

塗りつぶしを透明にする

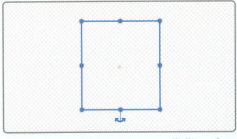

塗りつぶしの色をなくして、背景が透けて見えるようにするよ。

スポイトで色をコピーする

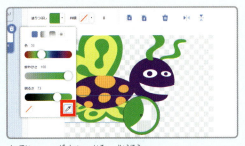

指定した場所の色の情報をコピーして、ほかの場所で同じ色を使えるようにするよ。

2章 キャラクターを作ってみよう！

◼ 枠線の色と太さを変えよう

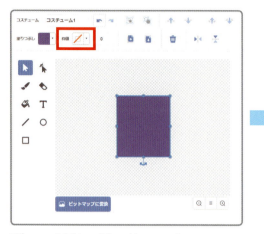 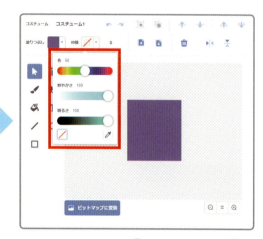

次に、枠線の色と太さを変えてみよう。図形を選んだ状態で、枠線の▼マークをクリックしてね。

カラーパレットが出てくるから、好きな色に設定しよう。

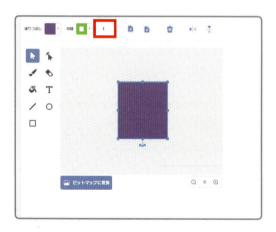

この数字が線の太さを表しているよ。数字を大きくすればするほど、線が太くなっていくんだ。

太さ：10	太さ：20	太さ：50
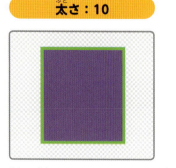		

線の太さのめやすだよ。好きな色と太さになるよう、いろいろ試してみよう！

4 四角形の形を変えよう

基本の四角形を変形させて、いろいろな図形を作ってみよう。

■ 角の位置を変えよう

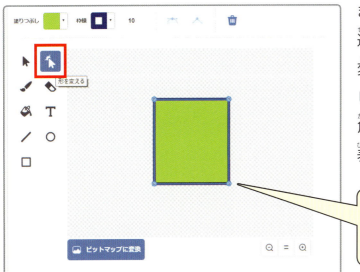

まずは、四角形を描いて選択状態にしよう。形を変えるツールをクリックしよう。すると、4つの角に「変形ポイント」が表示されるんだ。

> 角の部分を動かして、形を変えられるようになる

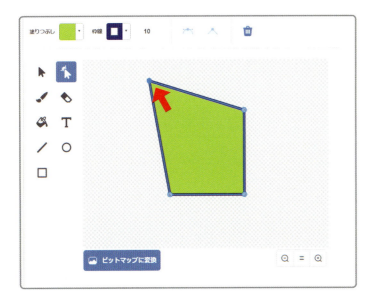

変形ポイントをドラッグすると、角が引っ張られるように形が変わるよ。もし失敗してしまったら、戻るボタンと進むボタンを使って、やり直してみよう！

39

2章 キャラクターを作ってみよう！

■ 変形ポイントを増やして、形を変えよう

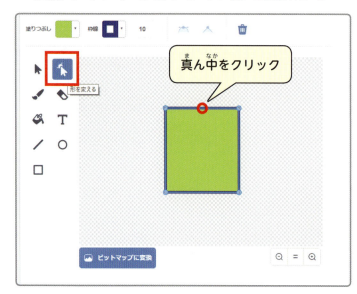

形を変えるツールを選んで、辺の中央をクリックしてみよう。

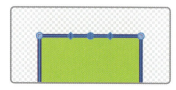

クリックしたところに、変形ポイントが追加されたよ。

変形ポイントをドラッグすると、角が引っ張られるように形が変わるね。

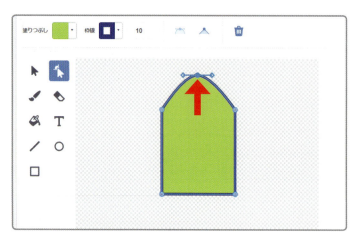

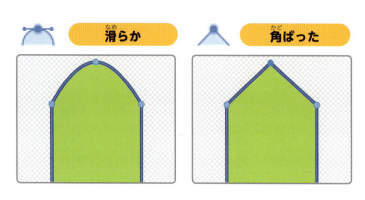

引っ張られる形は、ツールボタンの「滑らか」「角ばった」の2つから選ぶことができるよ。

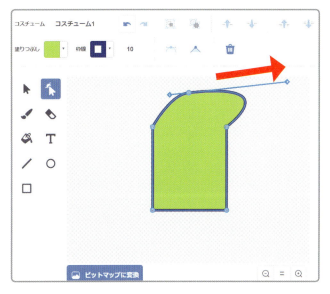
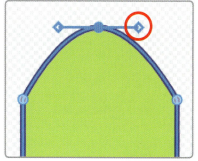

「滑らか」に変形した場合は、「変形ハンドル」をドラッグして、さらに自由な形に変えることができるよ。

■ 変形ポイントを消そう

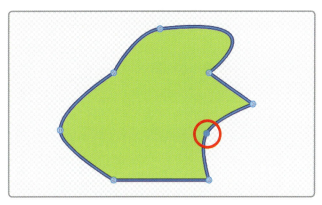

変形ポイントを消すには、まず消したい変形ポイントをクリックして選択状態にしよう。

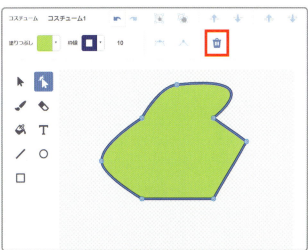

ごみ箱アイコンをクリックするか、キーボードのDELETEキーを押すと、変形ポイントを消すことができるよ。

変形ポイントが多すぎると、思った通りの形を作ることがむずかしくなるんじゃ。

2章 キャラクターを作ってみよう！

■ 消しゴムツールで形を変えよう

消しゴムのアイコンをクリックしてから、消しゴムの大きさを決めよう。数字が大きければ、消しゴムで消せる範囲が広くなるよ。

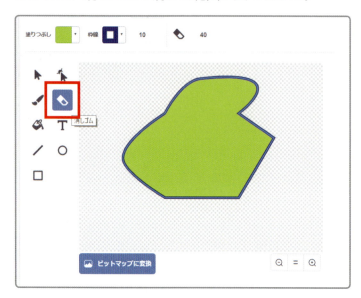

大きさ：40

大きさ：100

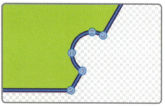

消したい場所をクリックしてみよう。まるいへこみができたね。

自動的に変形ポイントも設定されるよ。

図形の中をくり抜くこともできるぞ！

5 図形を組み合わせよう

いろいろな図形を組み合わせると、複雑な形を作ることができるよ。

■ 円をたくさん描こう

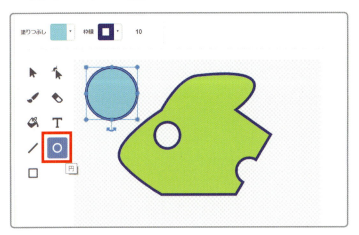

円のアイコンを選んで、好きな場所に円を描いてみよう。描き方は、四角形と同じようにドラッグするんだ。SHIFTキーを押しながらドラッグすると、真円が描けるよ。

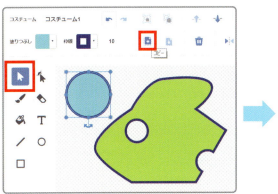

円を選んでから、コピーをクリックしてみよう。

隣にある貼り付けアイコンをクリックしよう。

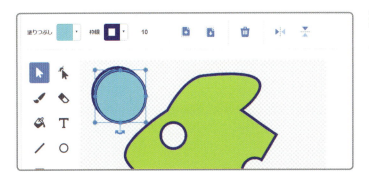

選んだ円と同じものが、もう1つ増えるんだ。

2章 キャラクターを作ってみよう！

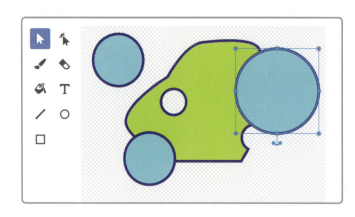

コピーした円の大きさと位置を変えて、ほかの図形と重ねてみよう。

■ 図形の層の順番を変えよう

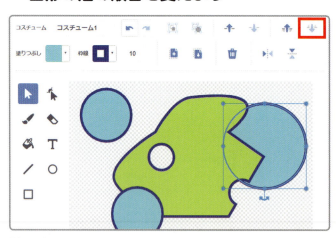

円をほかの図形に重ねたとき、円が上に重なっているよね。円が下になるように、層を下げてみよう。
円を選択状態にして、層を一番下に下げるアイコンをクリックするんだ。

層を変えるアイコンは2種類あるから、それぞれの機能を確認しておこう！

層を1つずつ変える 　　層を一番上か下に変える

ポイント

▶ 図形の重なる順番を決める「層」

図形をいくつか組み合わせるとき、それぞれの図形は、透明のシートに描かれて、シートが重なるように積み上げられていくんじゃ。この透明なシートのようなものを「層」と呼ぶぞ。新しく描いた図形は、一番上の層に描かれるんじゃ。

44

■ 複数の図形をグループ化しよう

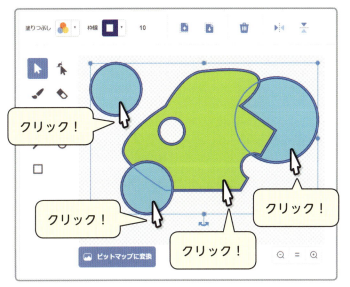

図形すべてをまとめて移動したり、大きさを変更したりするときは、グループ化が便利だよ。
キーボードのSHIFTキーを押しながら、すべての図形をクリックしよう。クリックした図形が、まとめて選択状態になるんだ。

画面上にある、グループ化のアイコンをクリックしよう。

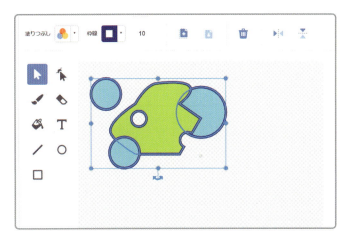

グループ化した図形が、1つの図形グループとして、まとめて操作できるようになったよ！ 移動させたり、大きさを変えたりしてみよう。

図形のグループ化をやめたいときは、グループ化のとなりにある、グループ解除アイコンをクリックしよう。

2章 キャラクターを作ってみよう！

基本のキャラクターを作ろう

ペイントエディターの使い方をマスターしたら、きみだけのオリジナルキャラクターを作っていこう！

まずは、基本となるキャラクターの顔や服装など、大事な部分を作っていくよ。基本を作ってから、動きを出すためのポーズを変えたものを作るんだ。

1 キャラクターのイメージを決めよう

どんなキャラクターにしたいか、まずは紙とペンを用意して手書きで描いてみよう。サンプルでは、あえて中性的にしているよ。

■ 性別や年齢から決めよう

はじめに決めること	次に決めること
・性別 ・年齢 ・登場する舞台	・髪型 ・顔立ち ・身長 ・服装 ・持ちもの

ポイント

▶ 右向きの絵を描くようにしよう

スプライトは基本的に右側に動く。だから、スプライトの向きは90度（右方向）になるんじゃ。ステージを動くスプライトを作るときは、自分から見て右側を向いた絵を描くようにしよう！

2 身体のもとになる形を作ろう

イメージが決まったら、図形を組み合わせて大まかな形を作っていこう。

■ 四角形と円を組み合わせよう

まずは、新しいスプライトを作ろう。

身体全体の大まかなパーツを作ろう。

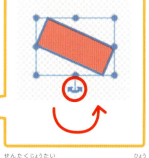

選択状態にしたときに表示されるハンドルをドラッグすると、図形の角度を自由に変更できるよ。

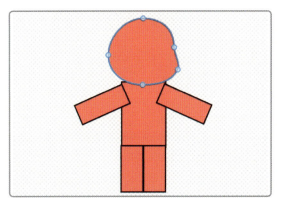

変形ポイントを使って、顔の形を変えよう。自分から見て、少し右を向いているようにするよ。あとは、身体に対して顔の大きさがちょうどよいかなど、バランスを整えてね。

3 頭を作ろう

全体のバランスを整えたら、細かい部分を作っていくよ。まずは頭を作ろう。

■ **髪と耳を作ろう**

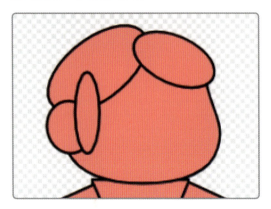

細かい部分が見やすいように、キャンバスを拡大させよう。髪型は、円を使って作るよ。いくつかのパーツに分けると作りやすいんだ。一緒に、耳もつけておいてね。

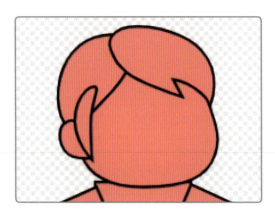

パーツごとに変形させて、形を整えよう。

変形ポイントの「滑らか」と「角ばった」を使い分けるとよさそうね！

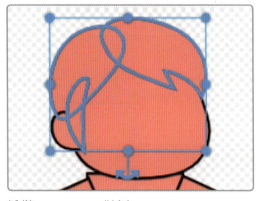

髪型のパーツを選択しよう。

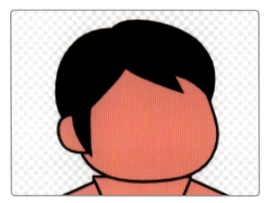

選択した髪型に、塗りつぶしで色をつけよう。

■ 顔を作ろう

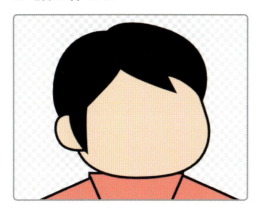

顔と耳に色をつけよう。

目は二色の円を重ねて描こう。口のもとになる直線をひくよ。

変形ポイントを使って、笑った口にしよう。

円でほっぺたの形を描くよ。

ほっぺたの色をグラデーションにするよ。スポイトツールで顔の肌色をコピーして、左右どちらかに設定しよう。もう片方は赤を選んでね。

2章 キャラクターを作ってみよう！

4 身体を作ろう

顔が完成したら、身体を作り込んでいくよ。

■ 胴体を作ろう

胴体の四角形を、台形に変えよう。台形の下の直線をゆるやかな曲線に変えると、洋服らしさが出るよ。

変形ポイントで下をふくらませる

コラム 子どもと大人を描き分けよう

頭と胴体の大きさのバランスを変えると、幼児から大人まで描き分けることができるよ。イメージ通りの年齢になるように、バランスを考えよう。

頭を大きくして、身体を頭1.5個分にすると、小さい子どもらしくなる。

身体を頭2個分にすると、少し大人に近づく。

頭を小さくして、身体を頭2.5個分にすると、より大人らしくなる。

足を作ろう

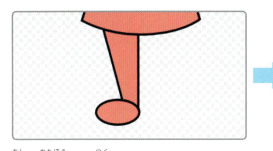

足は片方だけ作ってコピーするんだ。いったん、左足を消しておこう。右足は、下に向かって細くするよ。

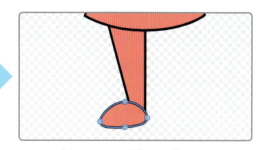

くつは円ツールで新しく描いてから、底が平らになるように形を変えよう。

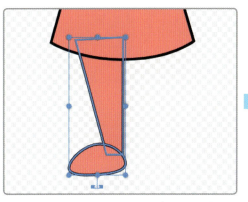

右足になっている2つの図形を選択して、コピーしよう。

コピーした右足を、「左右反転」して左足にしよう。できた左足を右足と並べよう。

足を一番下の層にして、ズボンの色を変えよう。

「左右反転」は、向きを反対にすることができるんだね！

2章 キャラクターを作ってみよう！

■ 手を作ろう

元からある図形は、洋服の袖にするんだ。四角形をもう1つ追加して、手を作ろう。

変形ポイントを増やして、手の形に変えよう。

右手を、顔と同じ色で塗りつぶしておこう。左手も、同じように作ってみてね。

ポイント

▶ 線を引いて、バランスを確認しよう！

頭の先から足に向けて、まっすぐな線を一本引いてみよう。頭と身体の位置が、線の右側と左側、どちらか一方にかたよっておらんかな？ プロのイラストレーターがイラストを描くときも、このバランスをとても大事にしているんじゃ。確認できたら、引いた線は消してOKじゃよ。

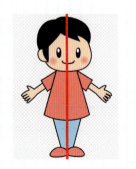

52

5 衣装を工夫しよう

服に襟やポケットなどを追加すると、キャラクターにオリジナリティが出るよ。

■ **襟を作ろう**

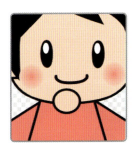

まずは首のあたりに円を描いて、身体と同じ色で塗るよ。

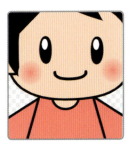

グループ化した「顔」を一番上の層にしよう。

胸にポケットをつけたり、襟を二重にしたり、いろいろな工夫をしてみよう。これで、基本のキャラクターは完成だよ！

ポイント

▶ **イメージにあう線の太さにしよう！**

完成したスプライト全体を選んで、すべての枠線の太さをまとめて変更することができるぞ。枠線の太さを変えるだけでも、雰囲気はずいぶん変わるんじゃ。ゲームのイメージにあわせて変えてもいいぞい。

枠線の太さ：10	枠線の太さ：4	枠線の太さ：0

2章 キャラクターを作ってみよう！

コラム いろんなパターンを描いてみよう！

目や口の形を変えたり、眉毛をつけたり、顔の周りに気持ちを表すマークをつけると、いろいろな表情になるよ。また、髪型を変えていろいろなタイプのキャラクターを描いてみよう。

☐ 表情

怒り	悲しみ	喜び

☐ 男の子

☐ 女の子

動いて見える
コスチュームを作ろう

基本のキャラクターのポーズを変えて、歩いて見えるコスチュームを作っていこう。

同じスプライトでも、向きが逆になるようにプログラミングすれば、見た目を左右反転させることができるよ。便利な機能だけど、このキャラクターだと髪型やポケットの位置が変わってしまうんだ。左向きのコスチュームも作っていこう！

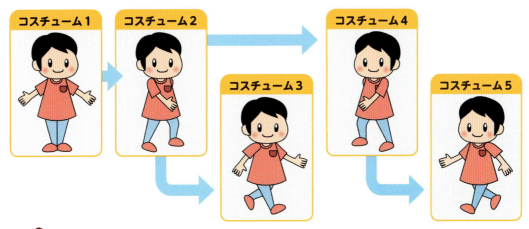

1 右に動くコスチュームを追加しよう

コスチューム1をもとに、右方向に動くポーズを作っていくよ。

■ コスチューム2を作ろう

画面左上のコスチューム1を右クリックして、「複製」をクリックしよう。コスチューム1がコピーされて、コスチューム2が作られるんだ。

2章 キャラクターを作ってみよう！

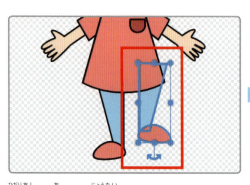

左足を上げた状態にするよ。まずは、左足をドラッグで移動しよう。

右足の角度を変えよう。

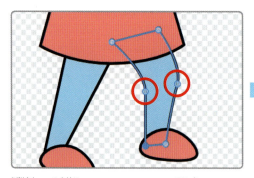

左足に変形ポイントを2つ追加して、足を曲げよう。

これで足が完成！

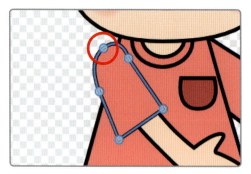

足と同じように、両手の位置と角度を変更しよう。右肩に変形ポイントを1つ追加して、まるみをつけるんだ。

コスチューム2が完成！

■ コスチューム3を作ろう

コスチューム2を右クリックして「複製」しよう。

コスチューム2と3を交互にクリックして、歩いているように見えるか確認してみよう。

左の画像を参考に、両手・両足の位置と角度を変えてみよう。これでコスチューム3は完成だよ！

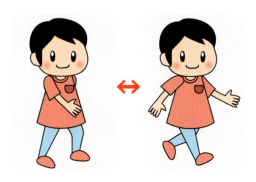

ポイント

▶全体の角度を変えてから、変形ポイントを使おう

指やくつなど、複雑な形のものを完成後に曲げるのは、とても大変なんじゃ。先に全体の角度を変えてから、変形ポイントが少ない部分を曲げるとやりやすいぞ。

 このように曲げるのは大変！

 全体の角度を変えてから、上の部分を曲げよう。

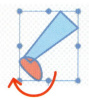

2章 キャラクターを作ってみよう！

2 左に動くコスチュームを追加しよう

これまでに作った、右に動くコスチュームを左右反転させて、左に動くコスチュームを作っていこう。

■ コスチューム4を作ろう

まずは、コスチューム2をマウスで右クリックして、「複製」しよう。

コスチューム4は、コスチューム3より上にできてしまったね。順番通りになるように、一番下にドラッグしよう。

図形を選択するアイコンを選ぼう。スプライトの左上から右下までドラッグして、すべての図形を選択した状態にするよ。

左右反転アイコンをクリックしよう。すべての図形の左右が反転したよ。

髪型とポケットの位置も反転してしまっているね。形と位置、角度を変えよう。コスチューム４が完成！

ポイント

▶ スプライトの縦の中心を確認しよう

コスチューム２とコスチューム４の表示を交互に切り替えたとき、縦の中心で向きが変わっているかな？ スプライトの中心がずれていると、左右の向きを変えたときに、スプライト全体の位置が変わってしまうことになるんじゃ。

コスチューム２

コスチューム４

しっかりと位置をあわせるんじゃ！

2章 キャラクターを作ってみよう！

■ コスチューム5を作ろう

コスチューム3を右クリックして、「複製」しよう。

コスチューム4と同じく、順番通りになるように、一番下にドラッグしておこう。そして、図形をすべて選択するよ。

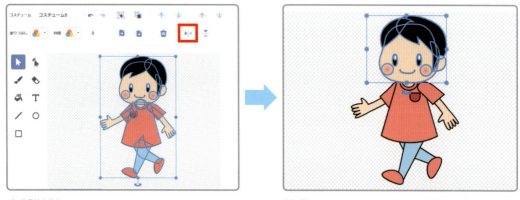

左右反転アイコンをクリックしよう。

髪型は、パーツごとに形を変えるより、コスチューム4の頭と顔をコピーした方がカンタンだよ。

コスチューム5
が完成！

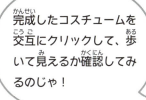

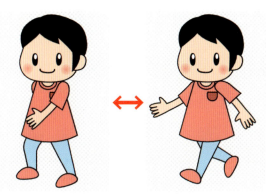

コラム 左右対称のスプライトは、コピーと反転でかんたんにできる！

乗り物やメカのキャラクターは、鏡合わせにしたような、左右対称の形をしたものが多いよね。そんなキャラクターをペイントエディターで描くときに、使えるテクニックを紹介するよ。奥に向かって飛ぶSF風の戦闘機を描いてみよう。

中心から片側だけを、図形を使って描こう。

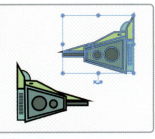

片側が描けたら、コピーして左右反転しよう。

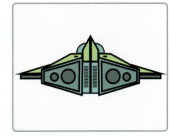

移動させて中心同士を合わせると、左右対称になるよ。

2章 キャラクターを作ってみよう！

キャラクターを動かそう

完成したキャラクターを、スプライトとしてプログラミングで動かしてみよう！

1 大きさを変えよう

スプライトを動かしやすいように、小さくしよう。

ステージ下に、大きさ「100」と書かれているね。この数字を「50」に変えよう。

2 プログラムを追加しよう

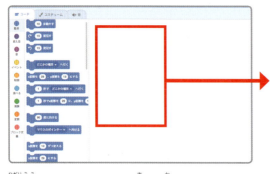

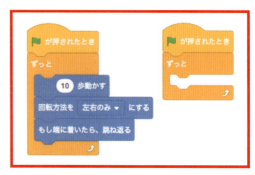

左上のコードタブに切り替えよう。コードエリアに、1章で作った、画面を往復するプログラムを作ってね。さらに、 ▶が押されたとき と ずっと を組み合わせておこう。

62

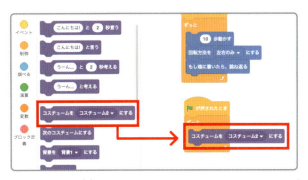
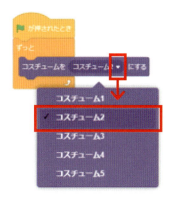

「ずっと」の中に「コスチュームを〜にする」を入れ、▼マークを押して、「コスチューム2」を選ぼう。

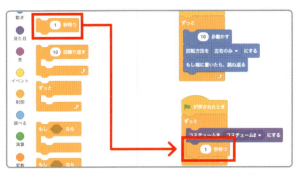
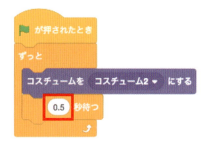

上のように、「1秒待つ」を追加して、数字を「0.5」に変えよう。

同じように、コスチューム3に変えるプログラムも作ってみよう。

コスチューム2とコスチューム3は、右に歩く見た目だったね。旗を押すと、歩いているように見えるかな？

「次のコスチュームにする」ブロックだと、動きが変になってしまうから、決まったコスチュームだけに変えるようにしてあるんじゃ！

※このプログラムでは、コスチューム4とコスチューム5は使わないよ。3章で作る対戦ゲームやアクションゲームで使うコスチュームなんだ。

63

コラム スプライトを書き出そう

完成したスプライトを、いろいろなゲームで使えるようにしてみよう。内容がむずかしいと思ったら、お家の人と一緒にやってみてね。

スプライトリストにある、保存したいスプライトを右クリックしよう。出てきたメニューから「書き出し」を選んでクリックしてね。

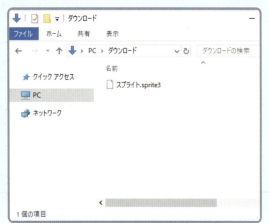

そうすると、コンピューターの「ダウンロード」フォルダに「スプライト名.sprite3」が入るんだ。これで、他の作品でも使うことができるようになったよ。

※使用するブラウザや、設定によって保存先、方法が変わります。データについて「行う操作を選んでください」というメッセージが表示される場合は「保存」を選択してください。

違う作品にスプライトを追加するときは、「スプライトをアップロード」を選ぼう。ファイルを選ぶ画面が出るから、追加したいスプライトのファイルを選択してみてね。

3章 ゲームを作ってみよう！

いよいよゲーム作りに挑戦だ。おもしろいゲームを作るためのプログラミングのポイントがたくさんあるぞ。楽しくゲーム作りをしながら学んでいこう！

3章 ゲームを作ってみよう！

脱出ゲーム

一緒に出かける友達のハムスターがいなくなっちゃった！ 部屋の中から探し出して、出発できるようにしよう。

クリア条件
ハムスターを見つけよう！

☆ このゲームで学ぶプログラム

① 動くタイミングを決めるための「イベント」

「イベント」といえば運動会など、みんなで何かをするできごとのことを言うよね。
ここでは、作ったプログラムが動きはじめるきっかけのことを言うんだ。
これから作るものがどんなきっかけで動くのか、進めながら学んでいこう。

② 2つの動きをつなげる「メッセージ」

メッセージ機能は、何かの動きをきっかけにして、他のスプライトに動いてほしい「お願い」をするときに使う機能なんだ。

「メッセージ1」を送ることで、「お願い」をするためのブロックだよ。

「お願い」を受け取るときは、このブロックを使おう。送られた「メッセージ1」を受け取ったときに動くという意味になるんだ。

■ 実際のプログラムで動きを見てみよう

プレイヤーが「こんにちは！」と2秒言ったあと、メッセージを送る。ネコは、そのメッセージを受け取ってから返事をするというプログラムだよ。

このように、「あるキャラクターが動いたあとで、次のキャラクターが動く」プログラムを作るときには、メッセージを使うと便利なんだ！

 携帯でメッセージを送るみたいだね。

他にも、複数の人にまとめてお願いしたり、タイミングをあわせて動かしたいときに使うんじゃよ。

3章 ゲームを作ってみよう！

☆ このゲームで使うブロック一覧

今回のゲームで使うブロックを紹介するね。ブロックがどのグループにあるかわからなくなったら、このページを見よう！

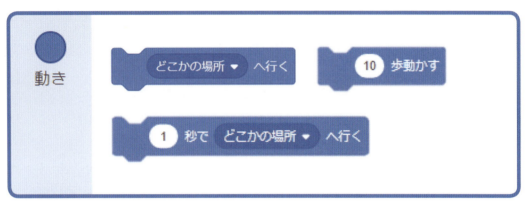

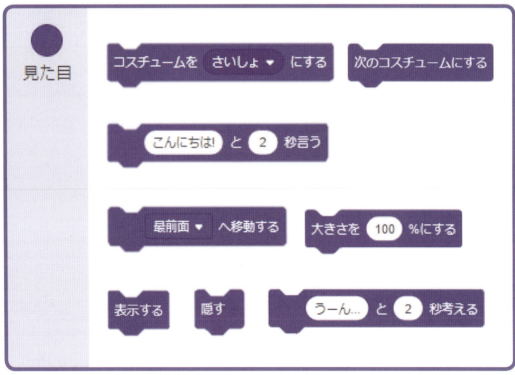

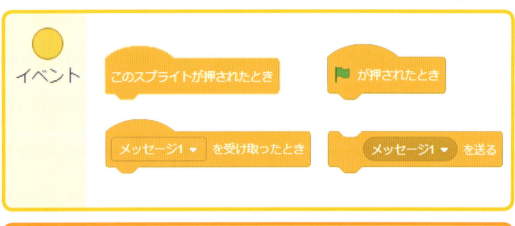

3章 ゲームを作ってみよう！

1 未完成データを読み込もう

脱出ゲームをより楽しくするために、オリジナルのイラストや演出用のプログラムを組み込んだ、未完成のゲームデータを用意したよ。まずはデータを読み込もう。

■ お家の人と一緒にやろう

ブラウザのURL欄に「https://jitsumu.hondana.jp/book/b477840.html」と入力して、この本の公式サイトを表示しよう。ダウンロード用の未完成データが並んでいるから、その中から「game1_mikansei.sb3」という名前のデータをダウンロードしてね。

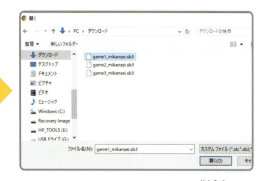

Scratchの画面上にある「ファイル」をクリックして、「コンピューターから読み込む」を選択しよう。

ダウンロードしたファイルを選択して「開く」ボタンをクリックしよう。

左の部屋が表示されたら、読み込み成功だよ。

どのスプライトにも、もうプログラムが作られているよね。これは、スプライトが画面上にキレイに並ぶように設定してあるものだから、そのままにしておいてね。

2 ハムスターを見つけられるようにしよう

ゲームのクリア条件になるハムスターを見つけられるように、プログラミングしていくよ。

🟨 カベ穴を出現させよう

カベの張り紙をクリックすると、張り紙がやぶれてカベ穴が出てくるようにしよう。スプライトエリアから"張り紙"をクリックしてみてね。すでにあるブロックの下、赤い丸の部分に新しくブロックを置いていくよ。

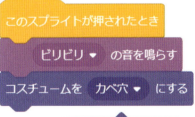

「スプライトがマウスで押されたとき、ビリビリという紙をやぶく音を鳴らし、コスチュームをカベ穴にする」というプログラムを作るよ。

左のようにブロックを組み立ててね。 コスチュームを さいしょ▼ にする の▼マークをクリックすると、選択肢が出てくるんだ。ここで「カベ穴」を選択してね。

ゲーム画面の張り紙をクリックしてみよう！ 音が鳴ってカベ穴が出てきたかな？

 プログラムを作るごとに、きちんと動くかどうか確認するのがおすすめじゃよ！

3章 ゲームを作ってみよう！

■ ハムスターが穴から出てくるようにしよう

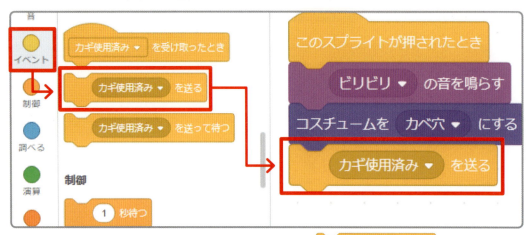

メッセージ機能を使ってハムスターを動かすよ。 メッセージ1▼ を送る を下につなげよう。ただし、このブロックの（ ）内の言葉は、作業してきた環境によって変わるから、上の画像と同じとは限らないんだ。ブロックの中に「を送る」という言葉があるかどうかを確認しよう。

メッセージ1▼ を送る の中の▼マークをクリックして、「新しいメッセージ」を選択しよう。メッセージ名は「見つけた」と入力して、OKをクリック。ブロックが「見つけたを送る」になっていることを確認してね。

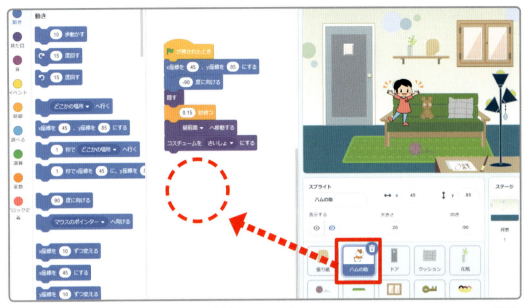

次に、"ハムの助"スプライトを選択して、空いているところにプログラムを追加
していこう。

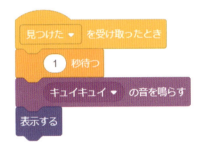

のメッセージは「見つけた」に設定しよう。
そして、「1秒待ってから、"ハムの助"を表示して、キュイキュイと音を鳴らす」
ようにプログラミングしてね。

緑の旗をクリックしたあとに、張り紙をクリックしてみよう。
ちゃんと、"ハムの助"が出てきたかな？

3章 ゲームを作ってみよう！

3 演出を組み込んでみよう

ゲームをもっと面白くするために、スプライトにしかけをしよう。これらのプログラムがなくてもゲームはクリアできるけど、遊ぶ人を驚かせたり、考えさせたりすることができるんだ。

■ 図のようにブロックを置いてみよう

4 なぞときをプログラミングしよう

張り紙をクリックするだけでクリアだと、カンタンすぎるね。ゲームらしく、なぞをとかないとハムスターが出てこなくなるようにしよう！

■ カギを見つけられるようにしよう

最初のしかけは、カーペットをめくると戸棚を開けるカギが出てくること。このカギは、ドラッグして移動できるようにするよ。

「マウスで押されたとき、めくられたコスチュームにして、ピロリンの音を鳴らす」ようにブロックを組むよ。そして、カギが出てくるためにメッセージを送るんだ。
「カギ発見」のメッセージは、▼マークをクリックすると出てくるから探してみてね。

すでに組んであるプログラムの中から、 カギ発見▼ を受け取ったとき のブロックを探そう。
左のようにブロックを追加すると、カギが発見されたとき、スプライトが表示されてドラッグできるようになるよ。

ポイント

▶ドラッグして試すときは、全画面表示にしよう

4でカギをドラッグできるようにしたら、プログラムの動きを確認するとき、✕ をクリックしよう。そうしないと、カギ以外のスプライトもドラッグできて、動かせてしまうんじゃ。
ちゃんと移動できるかどうか確認できたら ✕ をクリックして元の画面に戻そう。

75

3章 ゲームを作ってみよう！

■ 戸棚を開けると、ドーナツが出てくるようにしよう

次のしかけは、見つけたカギを右上の戸棚に持っていくと、扉が開いてドーナツが出てくること。カギと同じように、このドーナツもドラッグして動かせるようにするよ。

"戸棚"スプライトを選んで、制御グループの  を
 の下につなげよう。

そして、 を ◆ の中に入れてね。

ポイント

▶ ブロックの形をあわせるように重ねよう

◆まで待つ の◆に別のブロックをうまく入れるコツがあるんじゃ！
中に入れたいブロックの、左側のとがっている部分を ◆まで待つ のとがっている部分にあわせてごらん。◆の部分が白く光ったら、マウスのボタンから手をはなしてブロックを置くんじゃ。

`マウスのポインター▼ に触れた` の▼マークをクリックして、「カギに触れた」となるよう設定しよう。
そして、コスチュームを「戸棚　開」にして、「ギギィーの音を鳴らす」ようにブロックを組むんだ。

使い終わったカギを見えなくするために、「カギ使用済み」のメッセージを送るよ。
そして、おやつを表示するために「ドーナツ出現」のメッセージを送ろう。
どちらのメッセージも▼マークをクリックしたら出てくるから、探して設定してね。

"カギ"スプライトを選んで、`カギ使用済み▼ を受け取ったとき` のブロックを探そう。このブロックの下に、「ずっと隠す」プログラムを追加しよう。
使い終わったあとは、ずっと表示しないようにしておくんだ。

3章 ゲームを作ってみよう！

"おやつ"スプライトを選んで、を探そう。
下に 表示する をつなげるよ。

 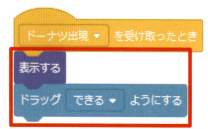

"ドーナツ"スプライトを選んで、同じように のブロックを探して、表示するようにしよう。
そして、「ドラッグできる」ようにしておくよ。

次に、ドーナツは"ハムの助"に触れると食べられて消えるようにするよ。
これまで使ってきたブロックを左のように組み合わせて、「"ハムの助"に触れるまで待って隠す」プログラムを作ってみよう。

"ハムの助"を見つけるために必要なドーナツは、戸棚にしまわれていたんだね！

その戸棚にはカギがかけられていて、カギはカーペットの下に隠されていたのね！

■ ドーナツにつられて、"ハムの助"が出てくるようにしよう

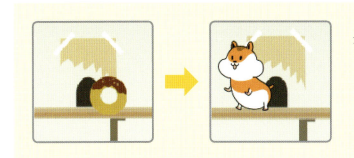

最後に、"張り紙"に"ドーナツ"を触れさせると"ハムの助"が出てくるようにしよう。

"張り紙"スプライトを選んで、

"張り紙"スプライトを選んで、コスチュームを カベ穴 にする と 見つけた を送る の間に ドーナツ に触れた まで待つ を入れよう。

これで、"張り紙"をクリックするだけでは、"ハムの助"が出てこなくなったよ。

"ハムの助"を選んで、"ドーナツ"を見つけたあとの動きをプログラミングしよう。左のようにブロックを追加してね。

プログラムの最後は、ゲームクリア を送る をつなぐんだ。

「ゲームクリア」をしたときの動きは、事前に用意しているから、動かして試してみよう。

3章 ゲームを作ってみよう！

むずかしすぎてゲームがクリアできないと、つまらなくなってしまうよね。正解にたどり着くためのヒントを作ろう！

■ セリフを表示させよう

"ぬいぐるみ"と"メモ帳"をクリックすると、それぞれヒントになるセリフが出てくるようにしよう。

何かをマウスでドラッグする必要があるヒントを出すよ。
｢うーん...｣と｢2｣秒考える には『マウスで動かせるものがあるらしい』と入力しよう。

次は、ドーナツが必要だと示すヒントを作ろう。
｢こんにちは!｣と｢2｣秒言う に『「ハムの助はドーナツが大好物」と書かれている』と入力してね。

演出を追加しよう

毛玉が転がったときにネコが出てくるようにすると、遊ぶ人をさらに迷わせることができるよ。

■ スプライトを追加しよう

"Cat"スプライトを選んで追加しておこう。

左のように「ネコ出現メッセージを送る」プログラムを追加しておこう。

追加した"Cat"に、2つのプログラムを追加してみよう。
ネコが毛玉で遊ぶようになったね！

① 脱出ゲーム
② 雪合戦ゲーム
③ アクションゲーム

81

3章 ゲームを作ってみよう！

ゲームオーバー❶ ドアを開ける

最初にクリックしたくなるドアに、「ゲームオーバー」を設定すると、むずかしくておもしろいゲームになるよ。

「スプライトが押されたとき、コスチュームをドア開に変更し、音を鳴らしてドア開で失敗メッセージを送る」ようにプログラムしよう。

「ドア開で失敗」メッセージを受け取ったら、ドアから"ハムの助"が逃げる動きを作るよ！

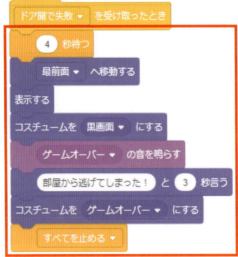

最後に、ゲームオーバーの表示用のプログラミングだよ。
"ゲーム表示"スプライトを選んで、 ドア開で失敗 を受け取ったとき を探そう。左のようにブロックを追加してね。
"ハムの助"が逃げるのを待って、ゲームオーバーの画面表示をするようプログラムしているんだ。

82

ゲームオーバー❷ ライトを消す

"ハムの助"を探すのが目的だから、"ライト"が消えて暗くなると失敗するようにしよう。

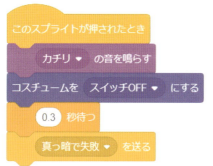

"ライト"スプライトにある このスプライトが押されたとき の下にブロックを組むよ。
「ライトが押されたとき、音がして、0.3秒待ってから真っ暗で失敗メッセージを送る」ようにしているんだ。

真っ暗で失敗 ▼ を受け取ったとき の下にブロックを組もう。
「真っ暗で失敗」メッセージを受け取ったら、黒画面を表示して、その後ゲームオーバーを表示するようにしているよ。

ゲームオーバー！

真っ暗で何も見えなくなっちゃった！

83

☆ 完成したプログラム一覧　脱出ゲーム

ゲーム作りで紹介したブロックを組み上げた、完成プログラムだよ。もし、スプライトがうまく動かない場合は、間違いがないかこのページを見て確認してみよう！

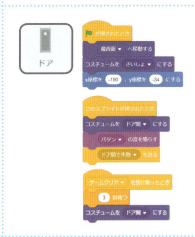

3章 ゲームを作ってみよう！

イラストカタログ①
衣装

ゲーム作りに使えるイラストのお手本を紹介するよ。
衣裳はゲームのイメージを決めるのに重要なんだ！

スポーツゲームに！

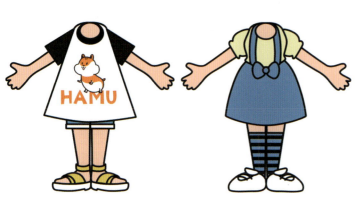

作りたいゲームのイメージにあわせて、衣装を決めるといいね！

\ ファンタジーをテーマにしたゲームに！ /

\ 季節をテーマにしたゲームに！ /

※ここで紹介したイラストは、70ページで紹介している、この本の公式サイトからダウンロードすることができるんだ。スプライトとして追加する方法は、64ページを見てね。

① 脱出ゲーム

② 雪合戦ゲーム

③ アクションゲーム

87

3章 ゲームを作ってみよう！

ゲーム2 雪合戦ゲーム

2人でキャラクターを操作して雪玉を投げ合うよ。先に当てた方が勝ち！

クリア条件
相手に雪玉を当てよう！

★ このゲームで学ぶプログラム

① 雪玉をたくさん投げるための「クローン」

「クローン」という言葉を聞いたことがあるかな？ 本物とそっくりなコピーを作り出すことなんだ。この「クローン」機能を使うと、1つのスプライトを増やせるようになるよ。今回は、雪玉を増やして、たくさん投げられるようにしよう。

② スプライトの場所を決める「座標」

座標とは、真ん中から、縦横にいくつ進んだかを数字で表す方法だよ。横は「x座標」、縦は「y座標」と呼ぶよ。

真ん中のxの数字は「0」。xは右にいくと増え、左にいくと減るようになっているんだ。

画面の右端は「x＝240」。スプライトのxを240増やすと、右端まで移動するようになっているよ。

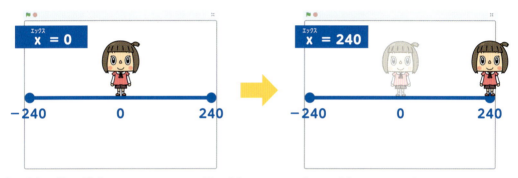

真ん中のyの数字も「0」だよ。yは上にいくと増え、下にいくと減るんだ。
画面の一番下は「y＝－180」※、一番上は「y＝180」となっているんだ。
yを180減らすと、画面の一番下に移動するよ。

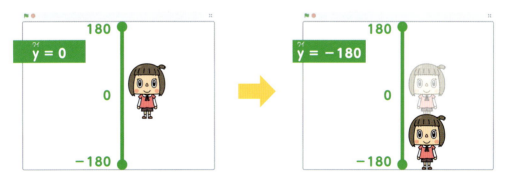

 現実では、「ここ！」って言うだけなのにね。

コンピューターに場所を伝えるには、数字で教えてあげないと理解できないんじゃ。そこで、「座標」という考え方を使っているんじゃよ。

※－（マイナス）…0よりも少ない数を表す記号だよ。

⭐ このゲームで使うブロック一覧

今回のゲームで使うブロックを紹介するね。ブロックがどのグループにあるかわからなくなったら、このページを見よう！

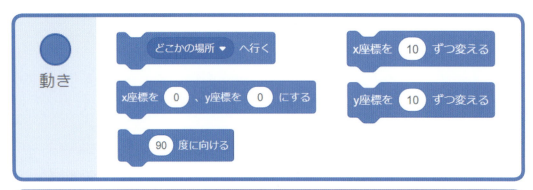

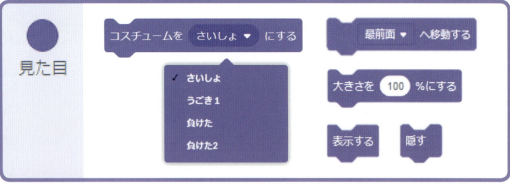

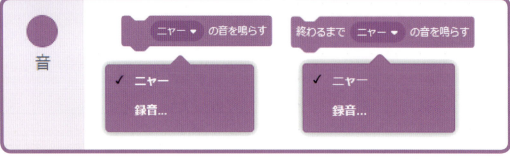

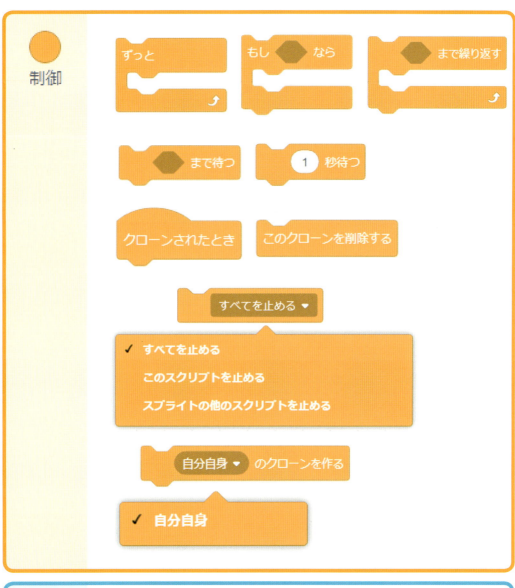

3章 ゲームを作ってみよう！

1 スプライトを動かそう

スプライトを操作できるようにしよう。キーボードの上下の矢印キーを押すと、"1
P"も上下に動くようにプログラミングしていくよ。

作る前に、雪合戦ゲームの未完成データを読み込んでおこう！
ファイル名は「game2_mikansei.sb3」じゃよ。

※やり方がわからないときは70ページを見てね。

■ 上下操作のプログラムを作ろう

さっそく、ステージ下の"1P"を選んで、ステージを切り替えよう。もう、いくつかブロックが置かれているよね。すでにあるブロックの下、赤い丸の部分に新しいブロックを置いていくよ。

92

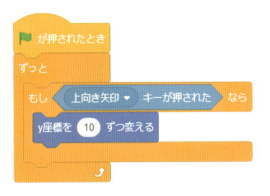

まずは上向き操作を作っていくよ。左の通りブロックを組み立ててね。

「上向き矢印キーが押された」は、「スペースキーが押された」ブロックの設定を変えると作れるよ。

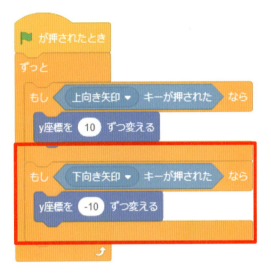

同じように、下向き矢印キーの操作を作ろう。

下向きだから「y座標を10ずつ変える」の「10」を「-10」に変えるよ。これで操作ができるようになったよ！緑の旗をクリックして、"1P"が動くかどうか、確認しておこう。

ポイント

▶ ブロックの違いに気を付けよう

この2つのブロックは、言葉が似ているけど、動きはまったく違うんじゃ。

その数字の場所に移動すること。0は真ん中だから、真ん中に一瞬で移動するだけなんじゃ。

今いる場所から数字分だけ移動させることじゃよ。「y座標を10ずつ変える」だと、上に10歩ずつ移動していくという意味になるんじゃ。

❶ 脱出ゲーム
❷ 雪合戦ゲーム
❸ アクションゲーム

2 雪玉を投げる動きを作ろう

左向き矢印キーが押されたときに、"1P"が雪玉を投げるようにするよ。

■ 雪玉を増やそう

1で作ったプログラムの下に、ブロックを組み立てよう。

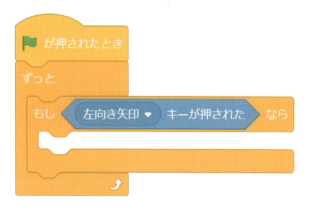

まずは「もし左向き矢印キーが押されたなら」というプログラムを作ろう。左のようにブロックを組んでみてね。

次に、を入れて「自分自身」を「雪玉（1P）」に変更しよう。

そのあと、を入れて「1秒」を「0.5秒」に変更しておこう。

 どうして0.5秒待つの？

クローンを作ったあと、「0.5秒」待たないと、すごく短い間隔で雪玉を投げてしまって、不自然に見えるんじゃよ。逆に、「1秒」だと遅すぎて迫力がなくなってしまうんじゃ。

ポイント

▶クローンを作るスプライトを選ぼう

「〜のクローンを作る」を動かすと、「〜の」で選んだスプライトが増えるんじゃ。もし、上のプログラムで「自分自身」を選択すると、女の子が増えてしまう！だから、投げる"雪玉（1P）"を増やしてあげるんじゃ。

3章 ゲームを作ってみよう！

雪玉を動かそう

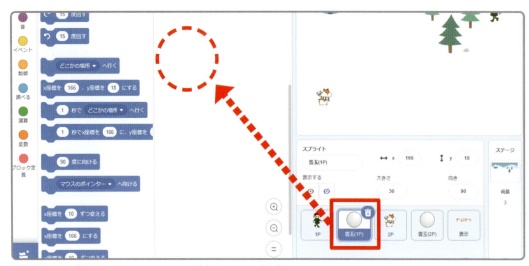

"雪玉（1P）"スプライトを選択して、雪玉のプログラムを作っていこう。空いている場所にブロックを組み立てていくよ。

雪玉がクローンされたあとの動きを作っていくよ。
まず、「クローンされたとき、"雪玉（1P）"のクローンが"1P"のある場所へ行き、〜まで繰り返す」というプログラムを作ろう。

　`1P へ行く` は、

　`どこかの場所 へ行く` の設定を変えよう。

そして、「x座標を-5ずつ変え、端に触れるとクローンを削除する」プログラムにしよう。

　`端 に触れた` は、

　`マウスのポインター に触れた` の設定を変えてね。

■ 画面に残った雪玉を隠そう

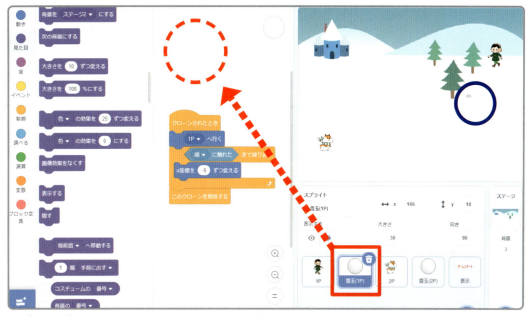

最後に、画面上に表示されたままの"雪玉（1P）"を隠すようにするよ。 クローンされたとき の上に、プログラムを追加していこう。

が押されたとき に、
隠す をつないでおこう。
これでスプライトが隠れたね。

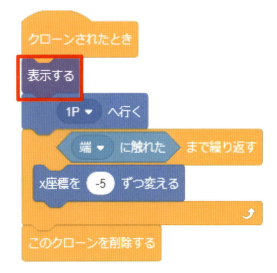

でも、このままだと、クローンされた雪玉も隠れたままなんだ。

そこで、クローンされたときに 表示する をつないで、クローンされた雪玉だけ出てくるようにしよう。

雪玉を投げるプログラムが完成！
緑の旗をクリックしたあとに、左向き矢印キーを押して、"1P"が雪玉を投げるかどうか確かめてみよう。

3章 ゲームを作ってみよう！

3 当たったときの演出を作ろう

ゲームがもっと楽しくなるように、対戦相手になる"2P"スプライトが投げた雪玉に当たったときの動きを作っていこう。

■ 当たったときのコスチュームを設定しよう

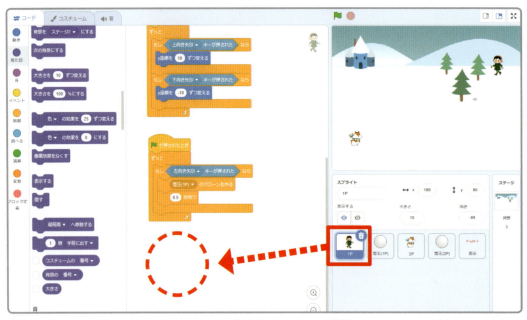

"1P"スプライトにプログラムを作っていくよ。雪玉のクローンを作るプログラムの下に、追加していこう。

左のようにブロックを組んでね。

`コスチュームを さいしょ にする`

の設定を「負けた」にして、

`メッセージ1 を送って待つ`

の設定も「2Pの勝ち」に変えておこう。勝ったときの動きはすでに作ってあるよ。

4 動きを確認しよう

"2P"のプログラムは、未完成データに組み込んであるんだ。ブロックが組み込まれているか確認したら、さっそくプレイしてみよう！

■ スプライトリストから"2P"を選ぼう

"2P"と、"雪玉（2P）"のスプライトのコードを開いてみると、もうできているね！

うわ！
当たった！

相手の雪玉をうまく避けながら、自分も雪玉を投げるんじゃ！

3章 ゲームを作ってみよう！

ゲームをもっと楽しく！ コスチュームを切り替えよう

プレイヤーが雪玉を投げたときの見た目が変わると、ゲームがリアルになるよ！

投げたタイミングでコスチュームを切り替えるように、プログラミングしていくよ。

■ 投げるコスチュームを選ぼう

今回は、事前に5つずつコスチュームを用意しているよ。シーンに合わせて切り替えてみよう。

もうブロックは組み込んであるよ。左の赤い枠線部分のコスチュームの切り替えを設定して、動かしてみよう！　ものを投げる動きになっているかな？

効果音を設定してみよう

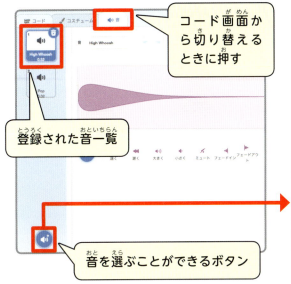

画面左上にある「音」のタブをクリックすると、スプライトに登録されている効果音を見ることができるんだ。ここに音を追加すると、好きな音が鳴らせるようになるんだよ。

音の選択画面

投げる音を選ぼう

今回は、事前に2つずつ音を入れてあるんだ。下の赤い枠線部分を設定して、動かしてみよう！

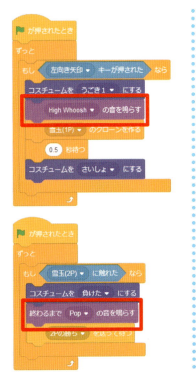

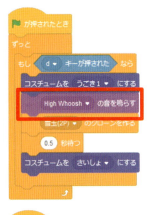

3章 ゲームを作ってみよう！

ギミック① 必殺技

ゲームと言えば必殺技だね！ 大きくて速い雪玉を投げて相手を驚かせよう！

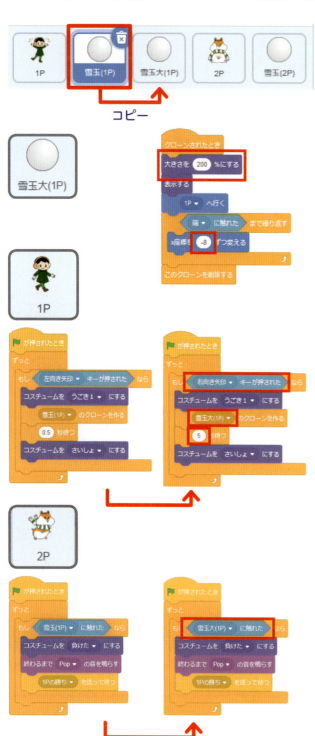

まず、雪玉を右クリックでコピーして、名前を"雪玉大（1P）"に変えておこう。

大きさの設定を追加して、200％にしてみよう。さらに、球のスピードが速くなるよう「-5」から「-8」に設定しよう。

雪玉を作るプログラムをコピーして、もうひとつ追加しよう。追加した方のプログラムの設定を「右向き矢印キー」に、クローンを"雪玉大（1P）"に変えよう。さらに、時間を「0.5」から「5」に変更しよう。

"雪玉大"に触れたときのプログラムも追加しよう。"雪玉（1P）"のプログラムをコピーして、「雪玉大（1P）に触れた」に変更してね。

 ## ギミック❷ インク妨害

画面のどこかにインクが出てきて、見えづらくするギミックを追加するよ！使って役に立つかは運次第！

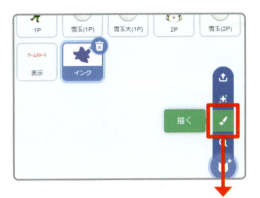

スプライトを追加して、こぼれたインクの絵を描こう。

追加した絵のスプライトに上のプログラムを追加してみよう。スプライトエリアからインクの絵を選んで、ブロックを組み立ててみてね。

ギミック❸ お助け機能

マウスポインターを雪玉に当てると、雪玉が消えるよ！　助っ人の３人目に参加してもらって遊ぼう。下のプログラムを雪玉それぞれに追加してね。

❶ 脱出ゲーム

❷ 雪合戦ゲーム

❸ アクションゲーム

3章 ゲームを作ってみよう！

★ 完成したプログラム一覧　雪合戦ゲーム

ゲーム作りで紹介したブロックを組み上げた、完成プログラムだよ。もし、スプライトがうまく動かない場合は、間違いがないかこのページを見て確認してみよう！

3章 ゲームを作ってみよう！

イラストカタログ②
アイテム

ゲーム作りに使えるイラストのお手本を紹介するよ。同じプログラムでも、アイテムを変えるだけでまったく違うゲームになるんだ！

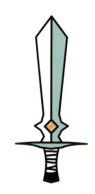

壊れたものを修理するゲームもおもしろいかも！

3章 ゲームを作ってみよう！

ゲーム3 アクションゲーム

コースの上をうまく移動して、ゴールを目指すアクションゲームだよ。
1つのステージをゴールすると、次のステージに行くことができる。すべてのステージをゴールして、ゲームをクリアしよう！

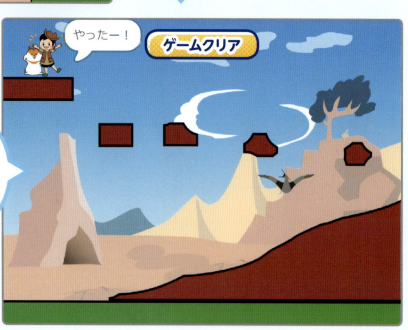

クリア条件
はぐれた"ハムの助"を助けよう！

★ このゲームで学ぶプログラム

① コースを切り替えるための配置プログラム

コースが切り替わったのに、前のコースの足場や敵キャラクターが残ったままだとおかしいよね。これまでよく使ってきた を使うんだ。どのコースに何を表示させて、何を隠すのか、すべて設定していこう。

② 移動のカギになる重力プログラム

このアクションゲームでは、地面から落ちたり、地面がないところをジャンプで飛び越えたりする動きを作る必要があるんだ。そんなときに使うのが重力プログラムだよ。

キャラクターを配置するだけだと、宙に浮いたままに見えてしまう。

「地面の上じゃない時は下に落ちる」というプログラムを作ることで、地面に立っているように見せることができるんだ。

重力ってなに？

ものが落ちる現象を「重力」と言うんじゃ。重力がなくなると、地面に立っていられなくなるんじゃよ！

地面に立つしくみ

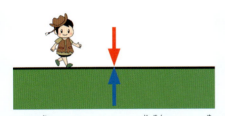

ただ落ちるだけだと、地面をつき抜けてしまうね。そこで、座標ブロックを使って、キャラクターが地面に接したとき、落ちる力と同じだけ、上に戻る力を加えるんだ。プログラムを作るとき、確認してみてね。

ジャンプするしくみ

常に落ちる力はかかっているんだけど、それ以上に飛ぶ力を加えることで、飛び上がることができるんだ。実際にジャンプするときも、足に力をこめて飛んでいるよね。それと同じしくみだよ。

3章 ゲームを作ってみよう！

☆ このゲームで使うブロック一覧

今回のゲームで使うブロックを紹介するね。ブロックがどのグループにあるかわからなくなったら、このページを見よう！

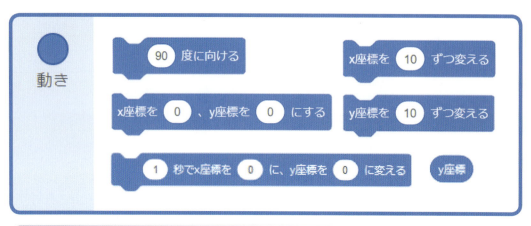

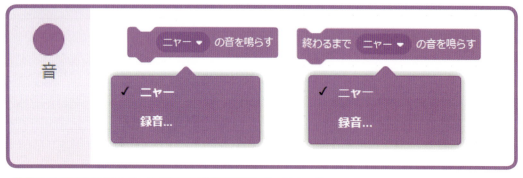

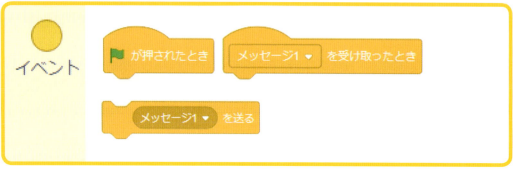

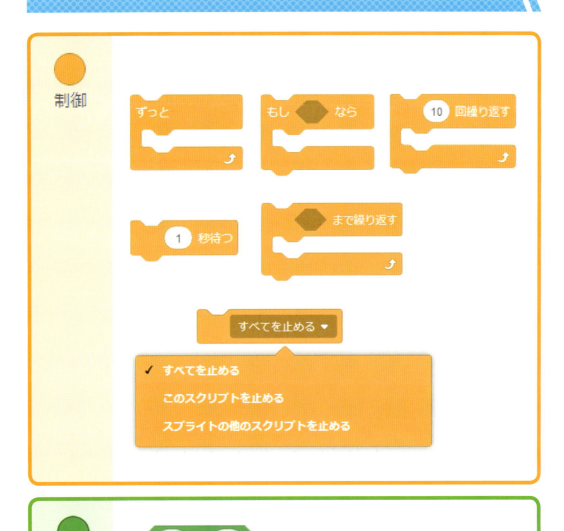

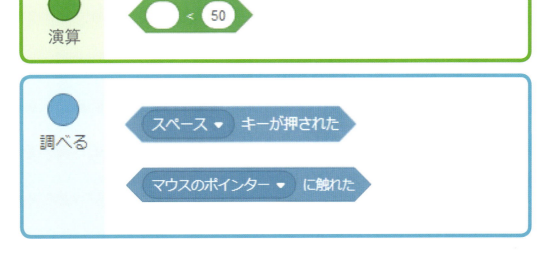

3章 ゲームを作ってみよう！

1 キャラクターが自然に動くようにしよう

このアクションゲームでは、キャラクターがコースの上に立ったり、空中では下に落ちたり、ジャンプしたり、自然に動いているように見せることが大切だよ。

空中にいるときは、コースの上まで落ちるようプログラムしようね。

ジャンプする時は、コースの上にいるときだけ、上に飛び、そのまま落下するように作るよ。

作る前に、アクションゲームの未完成データを読み込んでおこう！
ファイル名は「game3_mikansei.sb3」じゃよ。

※やり方がわからないときは70ページを見てね。

■ コースの上に立つようにしよう

未完成データを読み込んだら、まずは緑の旗を押して、すでに組んであるプログラムを確認してみよう。左右に移動するところまではできているよ。
確認できたら、"プレイヤー"スプライトを選んで、組んであるプログラムの下にブロックを追加していくよ。

「緑の旗が押されたとき、ずっとy座標を-5ずつ変える」ようにしよう。これで、ずっと下に落ちるようになるんだ。
「y座標を〜にする」と間違えないように注意しようね。

次に、「もしコースに触れたら、y座標を5ずつ変える」プログラムを追加しよう。緑の旗をクリックしてみてね。キャラクターが、コースの上を歩いているように見えるかな？

座標については89ページでやったね！

▶ブロック定義は、ゲーム作りに慣れてからチャレンジしよう

これまでに見たことのない、ピンクのブロック「坂とカベのうごき」があるのう。
これはブロック定義といって、自分でブロックの動きを作ることができるんじゃ。坂とカベに触れたときの動きの考え方がむずかしいから、事前に用意しておいたぞい。
もし、自分で作る場合は、まずブロック定義グループの「ブロックを作る」ボタンをクリック！　ブロックの名前を入力して、「画面を再描画せずに実行する」にチェックをすれば設定は完了じゃよ。

3章 ゲームを作ってみよう！

ジャンプができるようにしよう

コースに立つプログラムの中に、ブロックを追加していくよ。

「y座標を 5 ずつ変える」の下に「もし上向き矢印キーが押されたなら」というプログラムを入れるんだ。

ここでは、ブロックを入れる位置を間違えやすいから気をつけよう。

「もしコースに触れたなら、y座標を5ずつ変え、さらにもし〜なら」となるよう、ブロックを追加しているんだ。

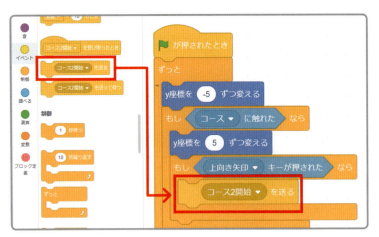

左のように「メッセージ1 を送る」を追加しよう。
似ているブロック「メッセージ1 を送って待つ」と間違えないように注意してね。

追加したブロックの設定を、「ジャンプ」に変えよう。

114

ジャンプ▼ を受け取ったとき を探して、下にブロックを追加しよう。

「ジャンプを受け取ったとき、ピョーンの音を鳴らし、10回、y座標を14ずつ変えることを繰り返す」プログラムを作るんだ。

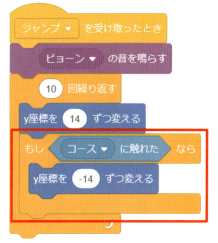

y座標を 14 ずつ変える の下に「もしコースに触れたならy座標を-14ずつ変える」というプログラムを組もう。

ここも の位置に気をつけてね。

これでできあがり！ 緑の旗を押して、キーボードの上向き矢印を押してみよう。ちゃんとジャンプできるかな？

 「コースに触れたとき、y座標を-14ずつ変える」のはどうして？

ジャンプしたときにコースに触れているというのは、低いコースに頭をぶつけているということじゃよ。コースをつきぬけて飛ばないよう、下に戻しているんじゃ。

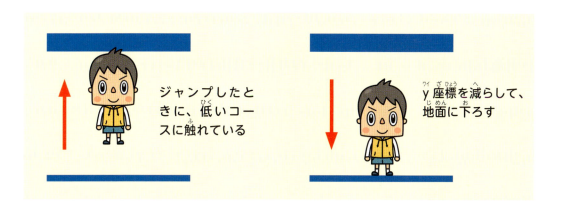

3章 ゲームを作ってみよう！

2 オリジナルコースを作ろう

落とし穴や、ジャンプして飛び移る足場などを作って、自分だけのコースにしてみよう。

足場と足場の距離や高さを変えると、ゲームのむずかしさが変わるよ。いろいろなコースを作ってみよう！

■ コース1に落とし穴を作ろう

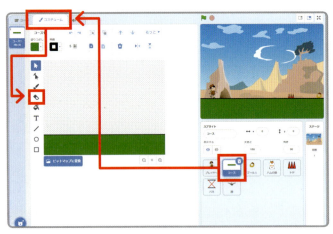

"コース"スプライトを選んで、「コスチューム」タブを選択しよう。ツールの中にある、消しゴムボタンを押してね。

キャンバス上に消しゴムマークと、数字が出てきたね。この数字を「100」に変更しよう。

数字の横にある▲マークを押し続けてもできるけど、直接数字を入力した方がカンタンだよ。

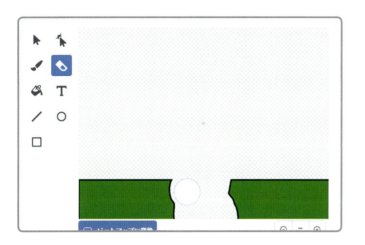

緑のコースの真ん中を、消しゴムで消してみよう。落とし穴ができたね。ベクターモードだと、こうやってコースを作ることができるんだ。

■ **新たにコース2を作ろう**

新しいコースを書いてみよう。
画面左下のメニューから「描く」を選んで、コスチュームを追加しよう。コスチューム名は「コース2」に変更しよう。

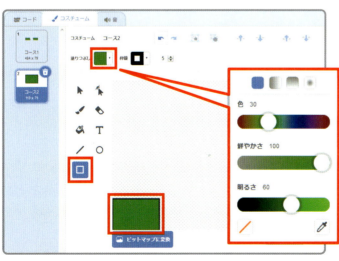

左のように、四角形の足場を描こう。もし画像と同じ色にする場合は、色30、鮮やかさ100、明るさ60で設定してね。好きな色で描いてもいいよ。

3章 ゲームを作ってみよう！

画面右側にも、同じように足場を描こう。

ペンアイコンを選んで、マウスで雲を描いてみよう。線がつながるように描くのがポイントだよ。

バケツアイコンを選んで、白色に設定し、雲をクリックしよう。塗りつぶすことができるよ。ただし、線がつながっていないと色がつかないから、うまくいかないときは線と線の間を埋めておこう。

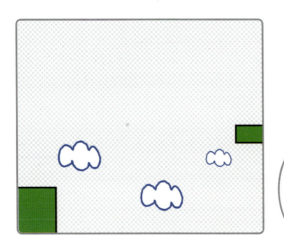

これでコース2が完成！
緑の旗を押し、コース2にコスチュームを切り替えて、雲の足場に飛び移れるかどうか試してみよう。

もし、雲と雲の間が離れすぎて落ちてしまう場合は、近い距離に雲を描き直してみよう！

118

3 コースが切り替わるようにしよう

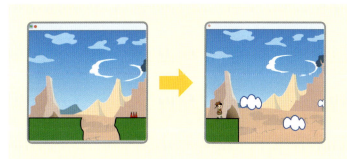

コース1のアイテムを取ると、コース2に切り替わるようにプログラミングしていこう。

このドーナツはコース1のゴールになるんだ。「ドーナツを表示して、プレイヤーに触れたら隠し、コース2開始を送って待つ」ようにブロックを組もう。このメッセージは事前に用意しているから、選ぶだけでOKだよ。

"コース"スプライトにある`コース2開始を受け取ったとき`を探して、左のようにプログラミングしよう。

"トゲ"はコース1にしか表示されないように、ブロックを組むよ。

"プレイヤー"は、「コース2開始」メッセージを受け取ったときに、音を鳴らして、画面左のスタート位置に戻るようにプログラミングしよう。

3章 ゲームを作ってみよう！

4 ミスしたときの動きを作ろう

穴に落ちたり、トゲに触れたときに、スタート位置に戻すプログラムを追加しよう。

■ 落ちたらリセットさせよう

穴に落ちたとき、"プレイヤー"のy座標が-150よりも下になるんだ。
この考え方を使って、落ちたときのプログラムを組んでみよう。

左のプログラムを、空いている場所に追加していくよ。
「もしy座標が-150より小さいなら」というプログラムは、穴に落ちた状態を示しているんだ。
穴に落ちたとき、音を鳴らしてプレイヤーをスタート位置に戻すようにしているよ。

「y座標が-150より小さい」プログラムを作るには、まず ◯＜50 を探して、空いている場所に追加しよう。次に、左のように y座標 を ◯＜50 の白い部分に入れよう。
最後に、数字を「-150」に変えてね。

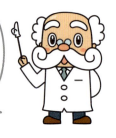

「＜」という記号は、この記号の左側にあるものが、右側にあるものより小さいことを示しているんじゃ。

■ トゲに触れたらリセットさせよう

左のプログラムを、空いている場所に追加しよう。
プレイヤーがトゲに触れると、音を鳴らしてプレイヤーをスタート位置に戻しているよ。

5 コース2のゴールを作ろう

コース2で"ハムの助"に触れると、ゲームクリアになるようプログラムを作ろう。

▶が押されたとき と 隠す がもう組んであるよね。
緑の旗が押されたとき、コース1からはじまるから、表示はせずに隠しておくんだ。
スプライトが左向きになるように角度を設定して、コスチュームを最初の状態にするプログラムを組んでおいてね。

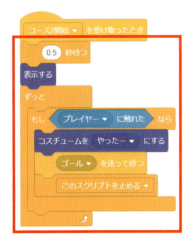

コース2開始▼ を受け取ったとき を探して、左のようにブロックを追加しよう。

0.5 秒待つ を入れているよね。これは、プレイヤーがコース2のスタート位置に移動する前に、"ハムの助"に触れてしまって、ゲームクリアになってしまうのを防ぐためなんだ。

3章 ゲームを作ってみよう！

 **ギミック❶ ジャンプ台を作る**

バネを使った大ジャンプ！ コースの幅が広がるよ。

ここでは、コース2に出てくる設定にしているよ。プレイヤーに触れると「大ジャンプ」メッセージを送って、待つようにしているんだ。

"プレイヤー"には、大ジャンプのメッセージの動きを受け取ったときの動きを作ろう。普通のジャンプよりy座標の数字が大きくなっているね。これで大きなジャンプができるんだ。ジャンプの音も変わっているよ！

 **ギミック❷ 敵キャラクターを作る**

敵キャラクターを登場させて、ゲームをむずかしくしてみよう。

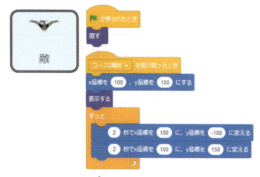

プレイヤーが触れるとリセットするプログラムは、"トゲ"と同じだよ。
さらに、2秒ずつ移動するプログラムを追加しているんだ。

122

ゲームをもっと楽しく！ ギミック❸ 雪玉を投げて敵を倒す

対戦ゲームからスプライトを書き出して、アクションゲームに読み込もう。敵に雪玉を当てると倒すことができるぞ！

元のプログラムから、左のように変更しよう。「プレイヤーの向きに向ける」プログラムは、 ステージ▼ の 背景#▼ の設定を変えてね。

左のプログラムを追加しよう。

「もし雪玉（１P）に触れたら、音を鳴らして隠す」プログラムを追加しよう。これで、雪玉を当てたら、敵が消えるようになるんだ。

3章 ゲームを作ってみよう！

ゲームをもっと楽しく！ コース3を作ろう

坂を使ったコース3を追加して、ゲームのやりごたえアップ！

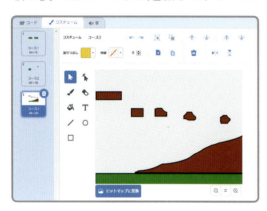

左の画像を参考に、コース2と同じ手順で、コース3を用意しよう。

坂をペンで書いただけでも、遊ぶことができるんだ。自由にコースを作ってみよう。

コース1のゴールである"ゴール1"を、右クリックして「複製」しよう。スプライト名は"ゴール2"に変更してね。

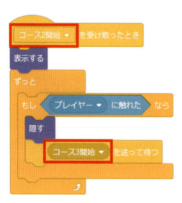

プログラムもコピーされているよね。すでにあるブロックを使いながら、コース2で使えるように変更していくよ。左のようにブロックを組んでね。

"プレイヤー"に「コース3開始を受け取ったとき、音を鳴らしてスタート位置に戻る」プログラムを追加しよう。

"コース"スプライトは、「コース3開始を受け取ったとき、コスチュームをコース3にする」ようプログラミングしよう。

ゲームクリア用のゴールである"ハムの助"は、コースにあわせた角度に変えよう。コース3は右向きだから、90度にするよ。

コース2のときは隠して、コース3で表示するよう変更しよう。

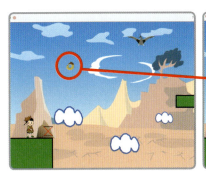 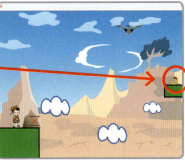

緑の旗をクリックしてプログラムを動かそう。コース2にしたとき、"ゴール2"の位置をドラッグして移動させてね。

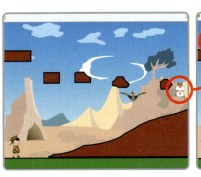 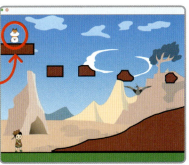

同じように、コース3にしたとき、"ハムの助"の位置も変更しておこう。これで完成だよ！

3章 ゲームを作ってみよう！

★ 完成したプログラム一覧　アクションゲーム

ゲーム作りで紹介したブロックを組み上げた、完成プログラムだよ。もし、スプライトがうまく動かない場合は、間違いがないかこのページを見て確認してみよう！

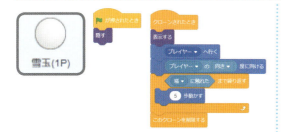
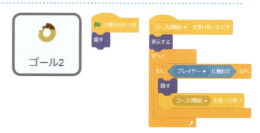

※未完成データにあるプログラムに追加・変更を加えないスプライトは、掲載していません。

3章 ゲームを作ってみよう！

イラストカタログ③
動物と乗り物

ゲーム作りに使えるイラストのお手本を紹介するよ。
動かしたいものは、3つの角度から見たイラストを描くのがポイント！

左向きに動かしたいときは、プログラムでコスチュームを左右反転させたらできそうだね！

\ レースゲームに！ /

❶ 脱出ゲーム

❷ 雪合戦ゲーム

❸ アクションゲーム

ポイント

▶ 3面のイラストを使って、
　スプライトを動かそう！

後ろ向きのコスチュームは上矢印キーに、正面のコスチュームは下矢印キーに、横向きのコスチュームは左右の矢印キーにそれぞれ設定すると、動いて見えるんじゃ！

※ここで紹介したイラストは、70ページで紹介している、この本の公式サイトからダウンロードすることができるんだ。スプライトとして追加する方法は、64ページを見てね。

129

親子インタビュー❶

自分で考えて
作っていくのが楽しい！

▶ 佐野遼太くん（小4）、お父さん、お母さん （学年はインタビュー当時のものです）

「むずかしいゲームにもチャレンジしたい！」と言う遼太くんに話を聞きました。

―プログラミングを学ぼうと思ったきっかけは何ですか？
父：プログラミング教室に通うことを私から勧めました。将来的に、プログラミングを学んでおくとよいだろうと考えたんです。
遼太くん：それに、ゲームを遊ぶのが好きだから、作るのもやってみたかったです。
父：私も一緒に体験に行きました。プログラミングのしくみから教えてもらえたことはもちろんですが、グループワークや発表会があって、プログラミングの技術だけではないことに取り組めるのがいいなと思いました。

―プログラミングで楽しいところはどこですか？

遼太くん：どんなゲームを作りたいか考えて、プログラミングするのが楽しいです。
父：将来、ゲームを作るプログラマーになれるかもしれないね。
遼太くん：うん、ちょっとなりたいかも！

―作ったゲームの中で、特に好きなものは何ですか？

遼太くん：恐竜のカードゲームです。数字を使ってバトルするゲームで、演算のブロックを使いました。演算のブロックはむずかしくて苦手だったから、完成したときにすごくうれしかったです。

―プログラミングを学ぶ前とあとで、変わったことは何ですか？

遼太くん：どうやったら、コンピューターがうまく動いてくれるかっていう、プログラミングのしくみがわかるようになりました。
父：家でも、コンピューターに触れる時間が増えましたね。集中力が続くようになっているなと感じます。
母：1つのゲームを作るのに、こんなゲームを作りたいという企画からはじめて、実際に動かすためのプログラムをどうするかというのを試行錯誤してやっているので、根気強くなったなと思います。

―これからプログラミングをやりはじめる人にメッセージをお願いします。

遼太くん：やりはじめると、すごく楽しいです。いろいろな動きをさせることができて、できあがっていくところがおもしろいから、みんなもやってみてほしい！

撮影日：2019年9月8日

親子インタビュー❷

みんなでやる
ゲーム作りが楽しい！

▶▶ 杉江七海ちゃん（小4）、お母さん（学年はインタビュー当時のものです）

「ほかの人の作品を参考にしたゲーム作りが楽しい」と言う七海ちゃんに話を聞きました。

―プログラミングを学ぼうと思ったきっかけは何ですか？

七海ちゃん：友達がプログラミングを勉強していると聞いて、おもしろそうだなと思ったのがきっかけではじめました。

母：私は以前、プログラミングを扱うシステムエンジニアとして働いていました。特に勧めていたわけではなかったので、話を聞いたときは驚きましたが、プログラミングを学ぶことには大賛成でした。

―ゲーム作りの楽しいところはどこですか？

七海ちゃん：ゲームにあうスプライトや、背景を選ぶときが楽しいです。あとは、ほかの人が作ったゲー

ムで遊んだり、そのプログラムを見たりするのもおもしろいです。自分では使ったことのないブロックを使ってて、「こう使えばいいんだ！」っていう発見があります。

—プログラミングでむずかしいところはどこですか？

七海ちゃん：自然な動きにするのがむずかしいです。たとえば、ジャンプしたあとに、うまく立たないとか。でも、教室の先生や友達に相談して、うまくいったときはとてもうれしいです。

—プログラミングを学ぶ前とあとで、変わったことは何ですか？

母：ゲームに限らず、作りたいものを先に考えて、どんなふうに作るか設計してから作りだすようになった

のには、びっくりしました。たとえば、レゴブロックで何か作るときも、はじめに作りたいものの絵を描いてから、どのブロックを使うか考えて作っているんです。ゲームを作るときに、そういった流れを学んだのが大きいと思います。

—プログラミングについて、「まだよくわからない」という人たちにメッセージをお願いします。

七海ちゃん：プログラミングがわからなくても、ほかの人のゲームで遊んだりするのは楽しいから、やってみてほしいです。あと、教室だとみんなでチームになってゲーム作りができるのがおもしろくて、おすすめです。1人だと作るのが大変なゲームも、みんなで協力すると作ることができます。

撮影日：2019年9月8日

ゲーム開発者インタビュー①

株式会社コロプラ
「白猫プロジェクト」のプログラマー

鈴木 笙子 さん

スマートフォンで遊べるロールプレイングゲームとして人気の「白猫プロジェクト」。開発するプログラマーチームのリーダーである鈴木さんに、プログラミングの楽しさとやりがいについて聞きました。

―プログラミングに興味を持ったきっかけは何ですか？

父の影響で、小さいころからゲームが好きで、コンピューターゲームでよく遊んでいました。プログラミングをはじめて体験したのは、高校の情報の授業で、カンタンな脱出ゲームをエクセルで作ったときですね。それまでは、完成されたゲームを受け身でただ遊んでいるだけだったのが、自分で作ることができたという達成感を得られて、とっても楽しかったんです！

―では、それがきっかけで専門的に学ぶことにしたんですか？

そうですね。情報系の大学で、ゲームだけではなくロボットアームを動かしてみるなど、いろいろなプログラムを学びました。ただ、やっぱりゲームを作るのが好きだったので、ゲーム作りをするサークルに入っていました。

―サークルでの役割は何でしたか？

プログラマー半分、シナリオ制作担当半分という感じでした。あとは、初歩的な進行管理もやっていました。プログラミングももちろん好きなのですが、プログラムを組むことをつきつめるよりも、ゲームの世界観をプレイヤーに伝えることにやりがいを感じているので、ゲーム全体を完成させるために動くタイプなんです。今の仕事でもそういった役割を担っていますが、大学時代からすでにそういう傾向がありましたね。

―大学時代に自分の得意なことを見つけていたんですね。得意なことを見つけるためには、どうしたらよいのでしょうか？

気になることをとことんやってみよう！

自分が気になること、おもしろいと思うこと、やりたいことをとことんやってみるのがよいと思います。たとえば、ゲームで遊んでいるときでも、自分はどんなことを楽しいと感じるか、どんなことが記憶に残ったかを振り返ってみるとか。私は、「このボタンの位置は、ここじゃない方がやりやすい！」とかが気になってしまうんですよね。そうではなくて、アクションの爽快さとか、技を出したときのエフェクト（効果）がかっこいいのが好きという人もいま

「白猫プロジェクト」　©COLOPL, Inc.
画像撮影日：2019年9月25日

135

ゲームをきっかけにして日常に役立つ考え方を学ぼう！

すし、自分が気になるポイントを見つけるのが大事だと思います。

―エラーが起きたときの対処法を教えてください。

まずは落ち着いて、原因がある場所を特定することが大事です。プログラムを組みながら、1つ1つの動作で区切って、きちんと動作するか確認しておくと、エラー部分を探しやすくなり

ます。エラーになってしまうと、ついパニックになりがちなのですが、冷静になることが一番大事ですね！

―学生時代に学んだことで、役に立っていることは何ですか？

数学や物理はもちろんですが、国語や英語も役に立ってますね。世界にはさまざまなプログラミング言語がありますが、基本的には英語です。文の構成だけでも知っておくと、単語を調べることでどのような意味かわかるので、英語を読む力は重要です。あと、私たちはチームで動いているので、ほかの人にもわかりやすいようにプログラムする必要があります。プログラムは「言語」なので、国語力も役立ちます。

—プログラミングのおもしろいところはどこですか？

プログラミングと聞くと、1つの正解を目指すものだというイメージが強いと思います。しかし、本当はそうではないところが、プログラミングのおもしろさです。まず、何を目的とするかによって、プログラムは変わります。たとえば、負荷がかかってもよいから複雑な動きをさせたいのか、負荷をかけずに確実に動くことを優先するのか。同じ目的で取り組んだとしても、プログラマーによってプログラムは変わります。自分でプログラムしていても、もっとよい書き方があるんじゃないかと思って、先輩に教えてもらったり、調べたりすることが楽しいですね。

—ゲーム作りのためのアイディアは、どんなふうに集めていますか？

一番は、ゲームを純粋に楽しんでプレイすることです。ゲームは人を楽しませるものなので、まずは自分が楽しむことを大事にしています。特に自分がよいと思ったところは、自然と記憶に残っていきます。実際にプログラミングをする際に、「あのゲームの演出がここで使えそうだな」と思い出すんです。

—将来ゲームを作りたいと考える子どもを持つ親御さんに対して、メッセージはありますか？

ぜひ子どもたちのやる気を尊重し、興味を持てたものには全力で取り組ませてあげてほしいです。ゲーム作りでは、まずどんなゲームを作りたいか考えてから、具体的にどんなプログラムを使っていけばイメージしたものが作れるか設計して、実際に作りはじめるというやり方をします。身につけておけば、将来何をするにしても大きな力になる考え方だと思います。

プロフィール

鈴木 笙子

2016年入社。入社当初から「白猫プロジェクト」の開発に関わり、現在ではプログラマーチームのリーダーを務める。

撮影日：2019年9月25日

ゲーム開発者インタビュー❷

株式会社ハル研究所
「星のカービィ」シリーズのプログラマー

大西 洋さん

2019年にデビュー27周年を迎えた人気シリーズ「星のカービィ」の開発を手掛けるのが、ハル研究所です。プログラムディレクターとして活躍する大西さんが、山梨開発センターでインタビューに応えてくれました。

―プログラミングに興味を持ったきっかけは？

小さいころ好きだったゲームがきっかけです。本格的にプログラミングをやり始めたのは、中学生のとき。コンピューターの授業でプログラムを作って、実際に自分で作ったゲームが動くことに感動しました。その後、コンピューター部に入って、プログラミング雑誌に載っているカンタンなゲームのプログラムと同じものを自分でも作って動かしてましたね。慣れてきたら、ただコピーするだけじゃなくて、改造して自分がより楽しいと思うもの

にしていました。

―小学生でプログラミングを学ぶことについては、どう思いますか？

よいことだと思います。プログラミングって、ぼくたち人間がやりたいと思うことを、コンピューターが理解できるように分解・翻訳することなんです。この分解と翻訳をすることで、考える力が養われます。考える力は、どんな職業を選んだとしても役に立つので、ぜひ身につけてほしいですね。

―学生時代に勉強したことで、今役に立っていると思うものは？

直結するのは、物理と数学です。物理は、現実世界のルールを知るための教科。リアルで、納得感のあるゲームを作るためには、ゲームの中に現実世界を作らないといけません。そのために

自分が作ったプログラムが動く喜び！

は、現実世界のルールを知っておく必要があります。でも、知るだけではだめで、そのルールをコンピューターが理解できるように翻訳するために、数学が必要になります。

―ハル研究所での、ゲーム作りの流れを教えてください

ゲームはチームで作ります。「こんなゲームを作りたい」というアイディアの中から、試しに作ってみようというものが出てきたら、3〜5人くら

「星のカービィ　スターアライズ」（発売元：任天堂）
©2018 HAL Laboratory, Inc. / Nintendo

プログラムを見れば、作った人がわかる！？

いの小さなチームで作ってみます。このチームには、みんなをまとめるリーダー、プログラマー、キャラクターやステージの見た目を作るデザイナーがいます。おもしろいゲームになりそうだったら、たくさんのスタッフが参加する本格的な制作に移ります。このとき、プログラマーはプログラマーでまとまったチームになって、その中でリーダーとなるプログラムディレクターを決めることもあります。

—大西さんは、プログラムディレクターとしてチームをまとめていらっしゃるんですよね。チーム制作のよい点と大変な点はなんですか？

やっぱり、1人では作れないボリュームのゲームを作ることができる点がよいと思います。クリアするのに何十時間もかかるものは、やりがいを感じま

すね！ 大変な点は、エラーが起きたときの対処。プログラムの数が多い分、エラーの原因を見つけるのに時間がかかります。それに、プログラムには個性があるので、自分にとって読みやすいプログラムもあれば、読みにくいプログラムもあります。

—プログラムにある個性というと、たとえばどんなものですか？

たとえば、現実世界よりも空中にいられる時間を長くするとか。ゲームの中では空中で技を出したいですからね。カービィが、ふんわりとジャンプするのを思い浮かべてもらうとわかりやすいでしょうか。こういう、現実世界のルールを変える場合、人によって考え方が違うので、プログラムを見ると「あっ、このボスはあの人が作ったに違いない！」と、作った人がわかったりしますよ〜。

―ゲーム作りのためのアイディアは、どうやって集めていますか？

ゲーム以外のことも、積極的にするようにしています。なぜかというと、新しい経験をすることで、まったく別の発想ができるようになるからです。ぼくの場合は、バイクや車に乗っていろいろな場所へ出かけてみたり、ケーキを作ってみたり、さまざまな趣味の時間を大切にしています。

―ケーキ作りとプログラミングは関係があるんですか？

実はあります。ぼくは、ゲームの完成をお祝いするために、カービィのケーキを作ることがあります。はじめに完成図を描いて、小さなパーツに切り分けて、作るための材料を計算して……この作業って、プログラミングに通じるところがあるんですよ。ちなみに、作ったケーキは会社に持ってきて、仲間と一緒に食べています。

―これからプログラミングにチャレンジするみんなにメッセージを！

プログラムは、ゲームだけではなくいろいろなものに使われています。もしかしたら、最初はむずかしそうだなと

『スーパーカービィハンターズ』
©2019 HAL Laboratory, Inc. / Nintendo

思うかもしれません。でも、とにかくやってみてほしい！ 自分でプログラムを作って、動くたのしさを味わってほしいです。ぼくみたいに、まずは本に載っているプログラムをまねして作ってみることからはじめてみましょう。楽しくなってきたら、自分なりにアレンジしたくなってきます。そうしているうちに、自分のやりたいことを、プログラムで自由に表現できるようになっていきますよ！

プロフィール

大西 洋
2008年入社。現在は、プログラムディレクターとして活躍。自身が手掛けた作品の発売記念に、カービィをモチーフにしたケーキ作りをすることも。

撮影日：2019年10月11日現在

1人ひとりの子どもたちが、それぞれの未来を切り拓くスターになる！

本書を手にとっていただき、まことにありがとうございます。

これからのテクノロジーの時代、未来を担う子どもたちに求められるのは、正解のある学びだけでなく、想像力、論理的思考力、問題解決力、共創力、そして自ら社会や世界に関心と接点をもち、自らのアイディアをカタチにすることができる、プログラミングスキルだと思っています。プログラミングを通して創造することを学ぶのです。

そんな学びの環境をすべての子どもたちのために提供したいという思いのもと、STAR Programming SCHOOLは2015年に誕生しました。

2020年度から小学校でプログラミングが必修化されます。そしてプログラミングが子どもたちにとって身近であり、必要な学びであるという理解が広がってきています。

しかし、本当の意味でのプログラミングの楽しさ、学びの価値が認知されていくのは、まだまだこれからだと思います。Scratchのブロックを「何となく」積み上げていけば、「何となくおもしろい動き」にはな

ります。子どもたちはScratchを始めたころはそれも楽しくて熱中します。でも、それは偶然の産物を楽しんでいるだけで、「論理的思考力」の育成にはつながりません。まず「どう動かしたいか」を明確にした上で、そのためには「どのようにブロックを積み上げればよいか」を考える機会を作ってあげることが重要だと考えます。

本書ではゲームプログラミングを、紙面を通して体験していただきましたが、今度はぜひ学びの場としてのプログラミングをご覧いただきたいと思っています。

STAR Programming SCHOOLでは、パソコンやタブレットに向かってプログラミングを行うだけではなく、作りたいものを整理するための「企画書や設計書」、クラスメイトとの意見交換や協働作業を行う「グループワーク」、そして完成した作品の想いを伝える「発表会」を行っています。

子どもたちが目を輝かせながら真剣にプログラムを組み、積極的に先生や仲間たちとコミュニケーションをとり、自信をもって自分のオリジナル作品を大勢の前で発表する、そんな場面をご覧いただけることと思います。

皆様とお会いできることを楽しみにしております。

STAR Programming SCHOOL　運営本部　一同

編著者

STAR Programming SCHOOL
スタープログラミングスクール

全国にパソコン教室「パソコン市民講座」を展開する株式会社チアリーが運営する子ども向けプログラミングスクール。「一人ひとりの子どもたちが、それぞれの未来を切り拓くスターへ」をモットーに、自分で設定した目標を「実現するチカラ」、壁にぶつかっても困難を「乗り越えるチカラ」、自他を尊重し「共創するチカラ」、自分の想いや考えを「伝えるチカラ」を身につけるためのプログラミング教育を全国の教室で行っている。2016年、総務省より「若年層に対するプログラミング教育の普及推進」事業に2期連続で認定され、全国の自治体や小学校、キッザニアとコラボレーションするなど、未来で活躍できる子どもたちを育てるための教育を続けている。

H P	▶	https://www.star-programming-school.com/
Facebook	▶	https://www.facebook.com/starprogrammingschool
YouTube	▶	https://www.youtube.com/channel/UC2tkVmFVNSfqWSaRwbDEL1g

---

小学生からはじめる
ゲームプログラミング

2019年12月10日　初版第1刷発行

編著者	スタープログラミングスクール
発行者	小山隆之
発行所	株式会社実務教育出版
	163-8671 東京都新宿区新宿1-1-12
	https://www.jitsumu.co.jp
電　話	03-3355-1812（編集）
	03-3355-1951（販売）
振　替	00160-0-78270
編　集	小谷俊介（実務教育出版）
ゲーム制作	宇都宮亮一（チアリ―）
	ジョニー ※ゲームキャラクターデザイン、イラストカタログ
装　丁	華本達哉（aozora）
イラスト	稲葉貴洋
本文デザイン	スタジオダンク
編集協力	スタジオダンク
印刷所	文化カラー印刷
製本所	東京美術紙工

©STAR Programming SCHOOL 2019 Printed in Japan
ISBN978-4-7889-1297-7 C3055
乱丁・落丁は本社にてお取替えいたします。
本書の無断転載・無断複製（コピー）を禁じます。